NENDOROID DOLL

黏土娃

可愛洋服裁縫BOOK

多款四季節日單品

GOOD SMILE COMPANY 監修　日本VOGUE社 編輯

DOUBLE
POUR
LAINAGES

CONTENTS

Spring

Coordinate

Summer

Coordinate

Autumn

Coordinate

6. 萬聖節鬼精靈和小女巫

›› P.16

7. 傑克燈籠

›› P.18

Winter

Coordinate

8. 大衣套裝

›› P.20

9. 聖誕節的聖誕套裝

›› P.22

什麼是「黏土娃」？

詳情請連結此處

「黏土娃」是指手掌大小的可愛娃娃。
即便體型較迷你，手肘、膝蓋、腳踝等關節的可玩性豐富，所以依舊能自由擺出姿勢。
還可和 2.5 等身的人形「黏土人」交換頭部，換穿喜歡的角色服裝，樂趣無窮。

本書刊登的模特娃

Emily
愛麗絲
紅心皇后
Ryo
白兔
瘋帽子

關於尺寸

本書登場的模特娃「黏土娃 Emily」和「黏土娃 Ryo」，包含娃頭全高約 14cm。
身體部件的「黏土娃 archetype：Girl」和「黏土娃 archetype：Boy」從腳算起，全高約 9cm。

✿ 黏土娃
archetype：Girl

肩寬	約 29mm
胸圍	約 59mm
袖長	約 32mm
腰圍	約 53mm
臀圍	約 67mm
股下	約 38mm
大腿圍	約 35mm
腳底	約 14mm

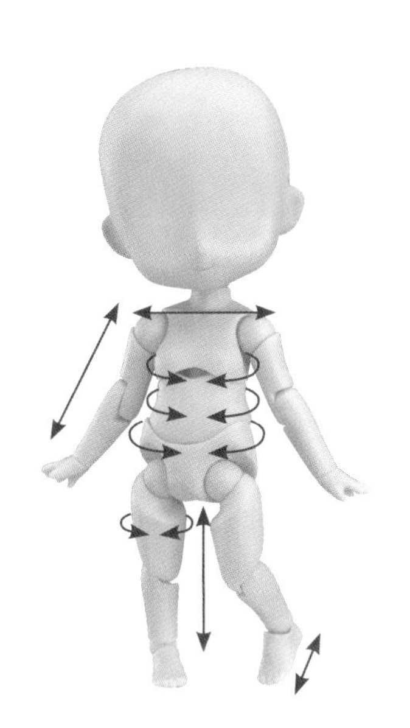

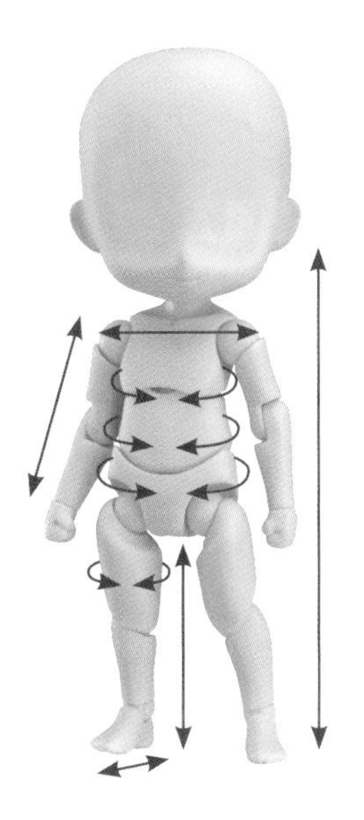

✿ 黏土娃
archetype：Boy

全高	約 9cm
肩寬	約 31mm
胸圍	約 57mm
袖長	約 32mm
腰圍	約 56mm
臀圍	約 70mm
股下	約 38mm
大腿圍	約 36mm
腳底	約 14mm

＊編輯部測量數值

關於膚色

膚色種類有普通（peach）、cinnamon、cream、almond milk 共 4 種。
請配合喜歡的黏土人娃頭顏色選擇。

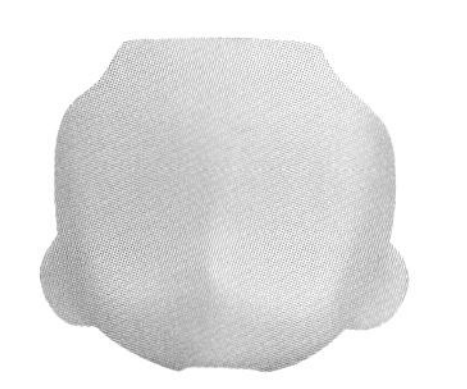

普通（peach）

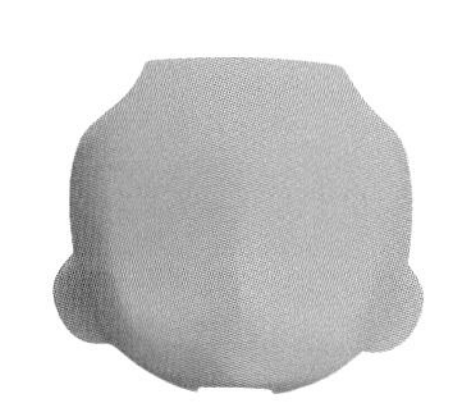

cinnamon

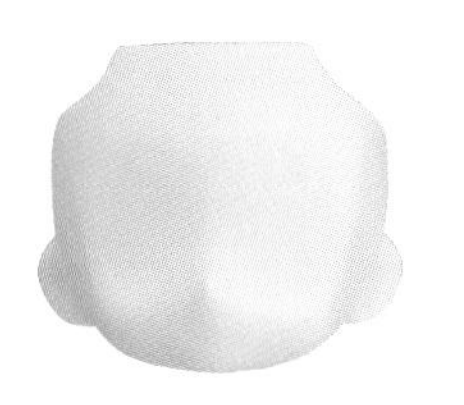

cream

almond milk

使用注意事項

- 長時間穿戴服飾時，可能會因為摩擦使娃娃身體沾染顏色。
- 要穿著沒有開口的上衣、窄版衣袖或褲子時，先拆除娃頭、手腕、腳踝等部件即可順利換穿。
- 拆裝部件時，請注意不要用蠻力拉拔或彎折。

Spring

Coordinate

1. 復活節兔耳裝

服裝亮點在於挺立的兔耳，男孩的連帽衣休閒風十足，女孩的荷葉邊和緞帶造型浪漫可愛，搭配春天的粉彩色調，更加提升整體氛圍。

design & make » Atelier Angelica 住友亞希

How to make » P.34（連帽衣套裝）
P.37（連身裙套裝）

選用齒寬較窄
的開口拉鍊。

牛仔褲的縫線
為設計重點。

鬆緊帶設計，使
穿戴更為方便。

將鬆緊帶一邊伸展，
一邊縫合在公主袖的
袖口內側。

2. 六月新娘的婚禮套裝

三層荷葉邊的華麗結婚禮服以及合身帥氣的正統無尾晚宴服。這也很適合當成婚禮的迎賓娃娃。

design & make » Atelier Angelica 住友亞希

How to make » P.40（禮服）
P.44（無尾晚宴服）

建議挑選薄柔的
蕾絲布料。
結婚禮服充滿
豪華的荷葉邊
設計。

層疊穿搭的設計，
所以建議選擇薄型
按扣。

Summer

Coordinate

KENKYUSHA
A HUNDRED ENGLISH POEMS
Edited by

3. 海洋風造型

薄荷綠的水手服套裝在酷熱夏天也顯得清新涼爽。海洋色調配上大大的緞帶和可愛的下半身，整體穿搭從任何角度看都顯得可愛十足。

design & make » Raindrop - Minamin

How to make » P.48（褲裝）
P.51（裙裝）

貝蕾帽只是用相同布料的表裡布縫合製成。

穿著南瓜褲時可在內側加上手作棉花或薄紗，就能增加厚實感。

前開口和下身的開口使用超薄魔鬼氈製成輕薄款式。

4. 雨天套裝

心愛的雨衣讓人雨天外出也開開心心。
一定要用喜愛的花色縫製看看喔！

design & make » Atelier Angelica 住友亞希

How to make » P.54（雨衣）
P.56（斗篷）

連帽用 3 片部件
立體縫製，可以
完全遮覆頭部。

材質使用和真人
服飾相同的尼龍
布料來製作。

5. 盛夏成套泳裝

一到夏天就讓人想到白雲和蔚藍大海！搭襯大海的比基尼和夏威夷襯衫套裝，完全就是夏天的代名詞。用相同色調製作，就成了情侶裝，也頗有一番樂趣。

design & make ›› GINGER TEA - Cherry

How to make ›› P.58（比基尼）
P.60（夏威夷襯衫）

夏威夷襯衫就大膽
使用華麗花色吧！
衝浪褲後面有
附上小口袋。

建議使用拉歇爾蕾絲、薄紗
蕾絲、列韋斯蕾絲等較薄的
布料。
泳褲就用針
織布料來縫
製吧！

Autumn

Coordinate

6. 萬聖節鬼精靈和小女巫

不給糖就搗蛋！輕飄飄的全白鬼精靈，和一身黑色勁裝的小女巫，加上南瓜等可愛小物，充滿濃濃的萬聖節氛圍。

design & make » Raindrop - Minamin

How to make » P.62（鬼精靈）
P.64（小女巫）

建議手縫領圍的小小弧線。

襪子設計著重於好穿和輪廓線條。

披風有裝飾連帽。

連身裙的袖口有碎褶設計，形成蓬蓬的造型。

7. 傑克燈籠

傑克燈籠的連身衣將萬聖節的氣氛帶到最高潮。
搭配上橫紋內搭就成了可愛的南瓜精靈。

design & make » Raindrop - Minamin

How to make » P.68

請拆下娃頭
再穿上內搭
T-shirts。

南瓜連身衣的設計
重點在於精妙的對
稱感。

Winter

Coordinate

8. 大衣套裝

大衣是冷冽寒冬的主要穿搭單品。簡約的大衣是適合所有娃娃穿搭的萬能單品。萬年經典風衣和俐落立領大衣，呈現酷帥的造型。

design & make » GINGER TEA - Cherry（大衣）
編輯部（裙子和褲子）

How to make » P.30（風衣和裙子）
P.72（立領大衣和窄管褲）

可前開換穿的可愛大衣。鈕扣為可用熨斗黏合的燙鑽。

立領大衣的五角形前襟設計，讓人眼睛為之一亮。

想縫製出俐落的窄管褲，請選用薄布料製作！

Merry Christmas

9. 聖誕節的聖誕套裝

經典聖誕服飾卻搭配了格紋布料，使經典款化身為超可愛的造型。因為是特別的日子，就用別緻的服飾盛裝打扮一番吧！

design & make » GINGER TEA - Cherry

How to make » P.74（連身裙套裝）
P.77（吊帶褲套裝）

裙子的圖案和短斗篷都使用薄絨布料「人造絲絨」，縫製成華麗的服飾。

為了呈現圓鼓鼓的可愛背影，肩帶為緞帶往後綁的設計。

條紋襪也是造型搭配的重點。

娃娃服飾製作的基本

娃娃服飾非常迷你，如果先熟知一點小技巧，就能順利作業。

推薦布料

娃娃服飾的布料盡量選擇輕薄的質地。
如果有厚度不但製作困難，穿脫也費力，這點還請注意。

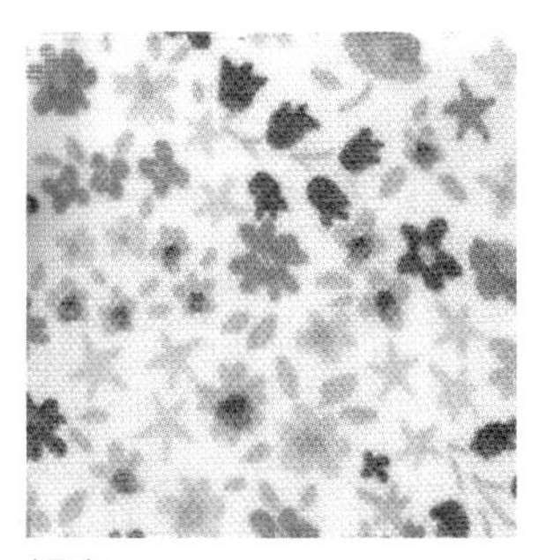

細布

使用細線製成如絹般滑順有光澤的薄布料。

細平布

編織緊密的薄布料。

緞面

表面有光澤，觸感柔滑的布料。建議用於禮服製作。

假皮草

仿造天然毛皮製成的人造毛皮。

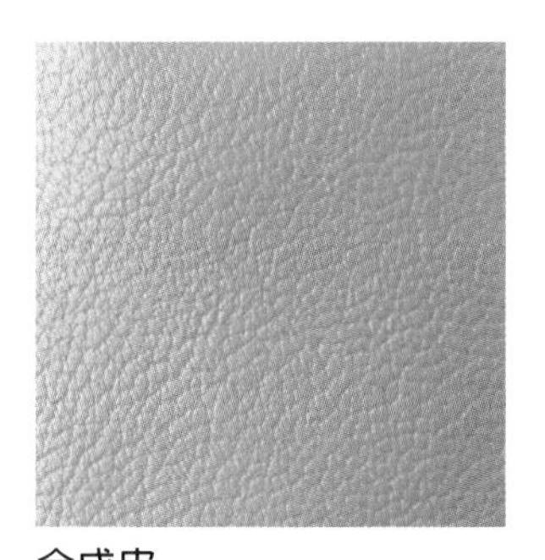

合成皮

仿造天然皮革製成的人造皮革。

雪紡紗

又薄又柔軟的透明布料。

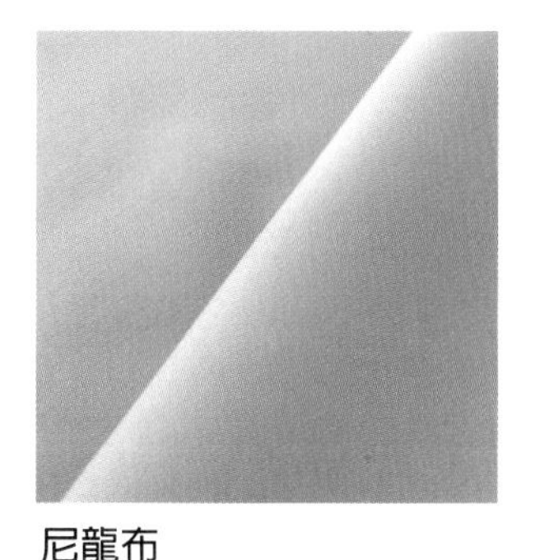

尼龍布

尼龍製的光澤感布料。建議用於雨衣製作。

人造絲絨

表面有絨毛的布料，優點是不會綻鬚。

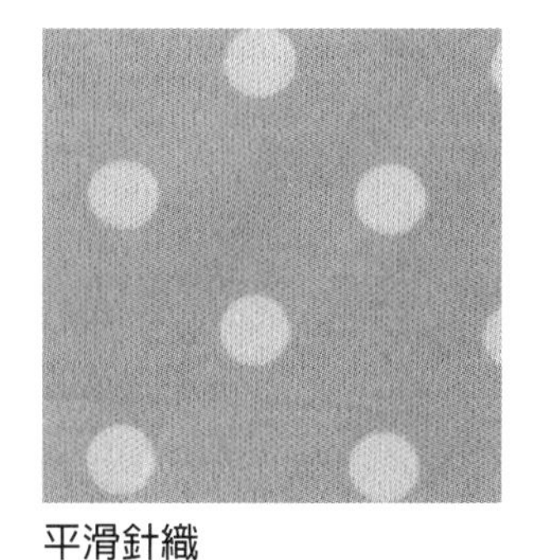

平滑針織

柔滑的針織布料，正反布面紋理相同。

絨毛內裡針織

內側有毛圈的針織布料。

羅紋針織

用於袖口和衣襬的凹凸針織布料。

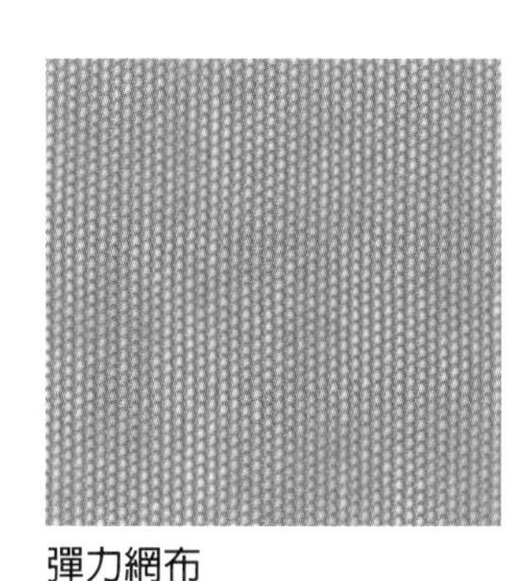

彈力網布

有彈性的網狀布料，想製作薄款服飾時，可以當成裡布使用。

關於副材料

這邊為大家介紹適用於娃娃服飾製作的副材料。

扣環

娃娃用的迷你扣環配件，用於皮帶製作。

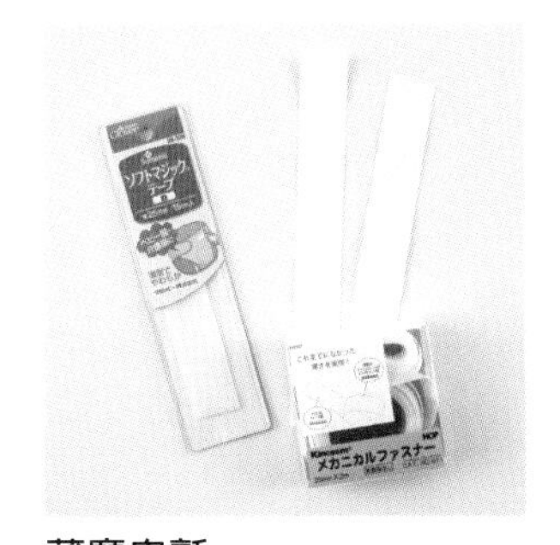

薄魔鬼氈

不想讓衣服顯厚時，建議選用柔軟的魔鬼氈或超薄魔鬼氈。（soft magic tape / CLOVER）

按扣

使用薄款樹脂型就能做出俐落的造型。

燙鑽（燙片）

可用熨斗燙黏的水鑽，很適合當裝飾鈕扣。

服裝部位名稱

先熟悉服裝部位名稱，
才了解服裝製作時出現的用詞，並且順利作業。

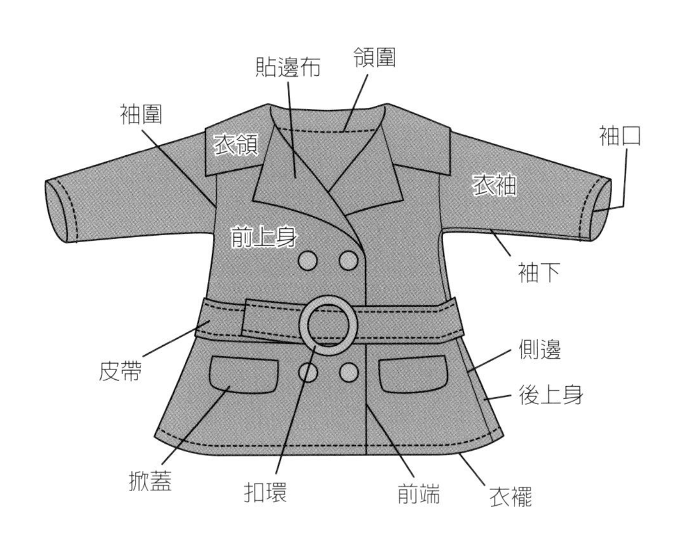
貼邊布
領圍
袖圍
衣領
袖口
衣袖
前上身
袖下
側邊
皮帶
後上身
掀蓋
扣環
前端
衣襬

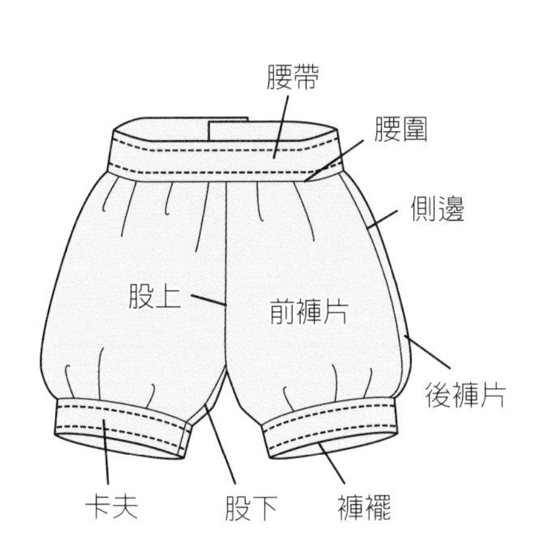
腰帶
腰圍
側邊
股上
前褲片
後褲片
卡夫
股下
褲襬

推薦用品

這邊為大家介紹適用於娃娃服飾製作的用品。這些不需要一開始就全部備妥，只要慢慢購買需要的用品即可。

協助／Raindrop - Minamin

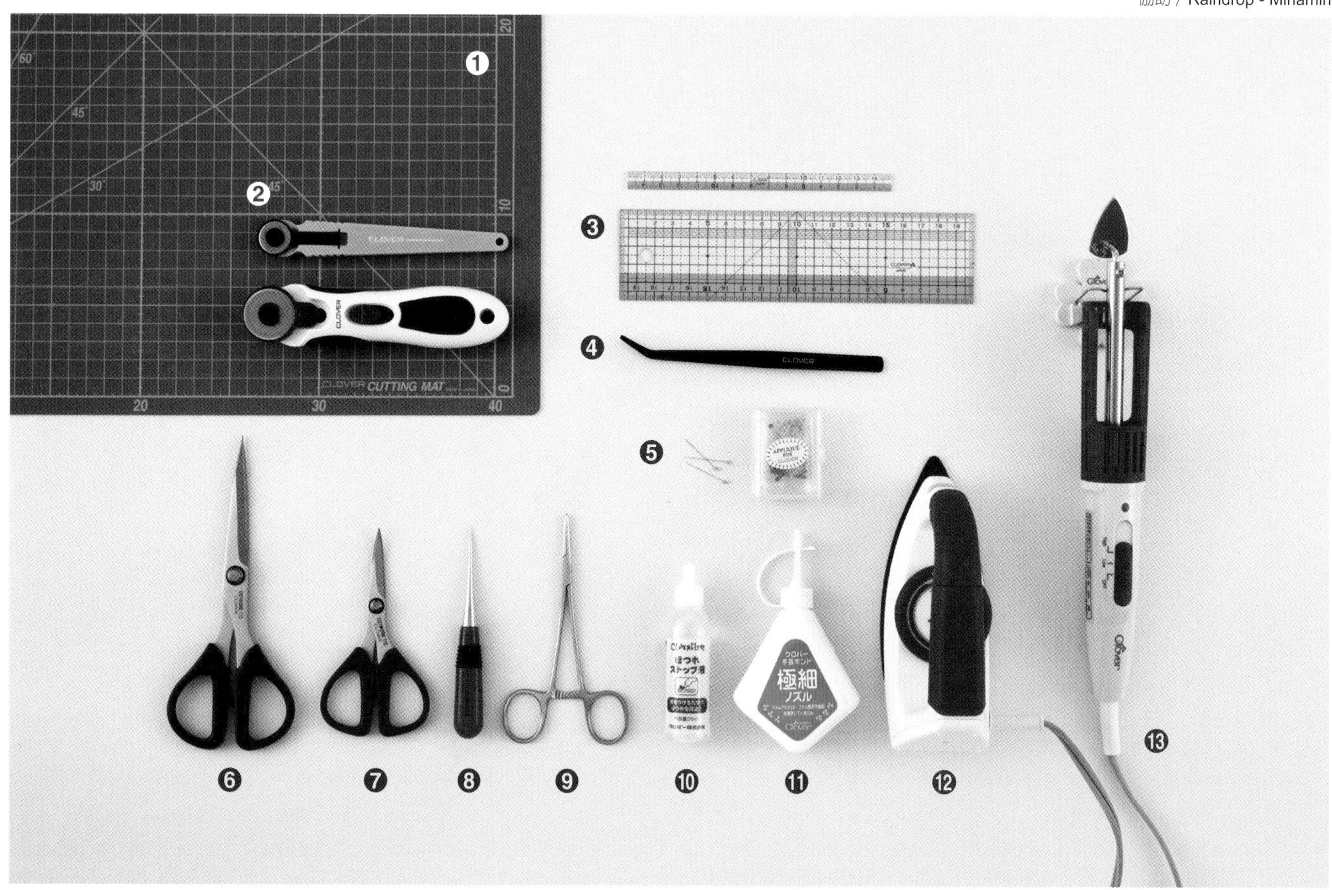

1
2
3
4
5
6
7
8
9
10
11
12
13
CLOVER CUTTING MAT
極細
ノズル

❶ **切割墊**：和輪刀搭配使用。

❷ **輪刀**：便於裁切薄布料或是針織布料。建議使用刀刃直徑18mm、28mm的規格。

❸ **尺**：用於測量尺寸或在書上描摹紙型時，若為15～20cm左右且附方眼格的規格更為方便。

❹ **鑷子**：用於車縫時固定布料或將細小部件翻回正面時。

❺ **貼花待針**：極細針，所以容易穿過布料，長度較短，所以車縫時不易勾住，是相當方便縫紉的待針。

❻ **工藝剪刀**：刀刃尖銳，所以裁剪細小部件也很方便。

❼ **工藝剪刀（翹嘴刀刃）**：建議裁剪多餘縫份或剪掉縫線時使用。

❽ **錐針**：可用於製作紙型時或在車縫機縫線時固定布料，以及調整衣領等邊角形狀時。

❾ **手作用返裡鉗**：衣袖和襪子等部件翻回正面時，方便夾住布料拉回翻面。

❿ **防綻液**：為了布料邊緣不會綻鬚而塗抹。有些會因為布料出現白色塗痕，所以使用前請先在碎布上試塗。

⓫ **手作用接著劑**：經常用於固定難以縫製的部分，或暫時固定時。建議使用有細長蓋嘴的接著劑。

⓬ **拼布熨斗**：小範圍轉動靈活，相當方便。用於燙平布料皺褶和整燙縫份時。

⓭ **拼布整燙器**：代替熨斗的用品。適合整燙縫份等細節作業。

用品協助／除了輪刀（18mm）之外，皆出自CLOVER

紙型使用方法　學習使用實物大紙型，挑戰服裝製作吧！

製作紙型

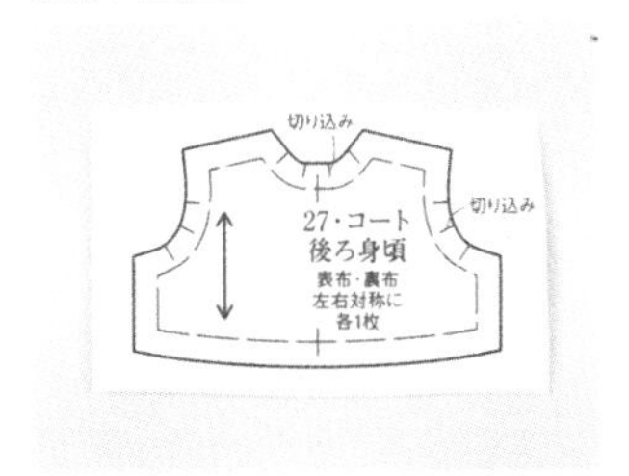
切り込み
切り込み
27・コート
後ろ身頃
表布・裏布
左右対称に
各1枚

1 影印實物大紙型或用描圖紙描摹。描摹時，請使用尺仔細描繪直線。

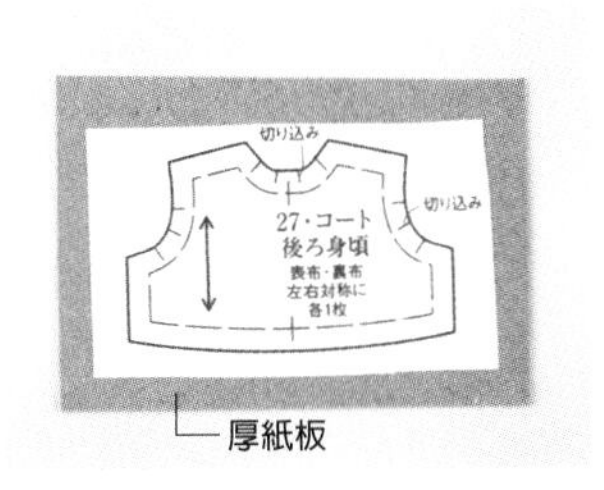
厚紙板

2 將紙型用黏膠貼在厚紙板。黏貼時請使用口紅膠。

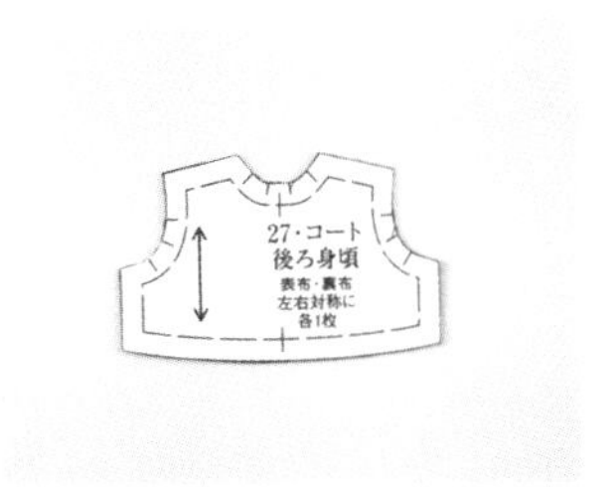

3 沿著裁切線裁切。

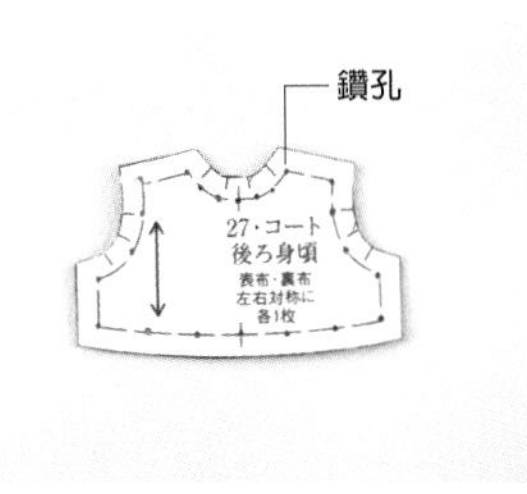
鑽孔

4 用錐針在邊角和完成線鑽孔，以便讓粉土筆的筆尖畫入標記。邊角、合印點、弧線都要鑽出細小的孔。

裁切布料

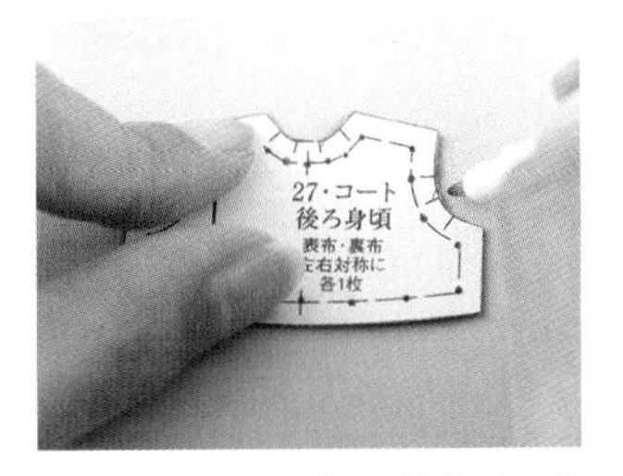

1 將紙型重疊在布料背面，請壓緊以免偏移，並且沿著紙型周圍描出線條。

2 紙型鑽孔的位置也要標註記號。

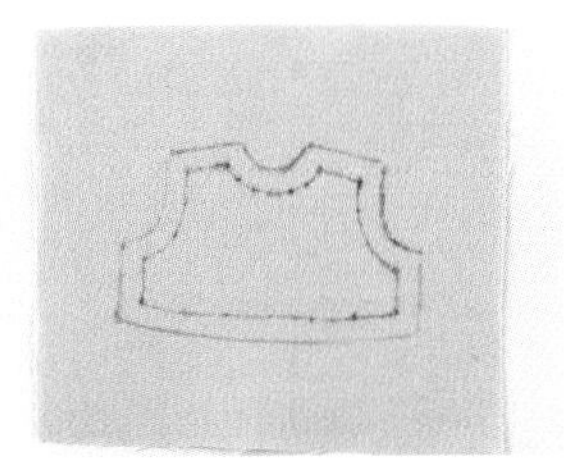

3 將點連結並且標註記號，這樣就可清楚知道完成線的位置，方便縫製。

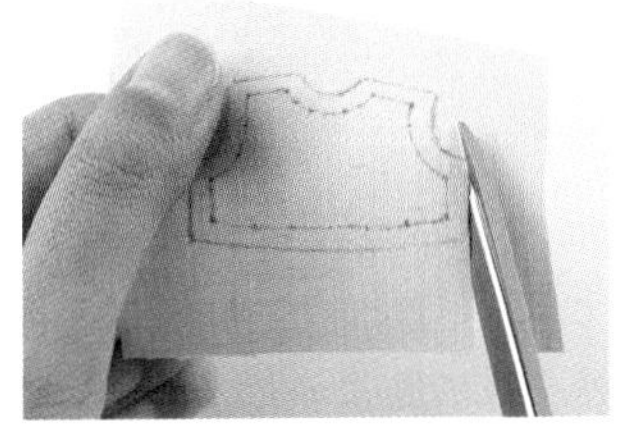

4 沿著描摹的裁切線或稍微往內側的位置剪裁。

布料邊緣的處理

為了避免布料邊緣綻鬚，需事先處理。
以黏土娃的尺寸來看，很難以車縫的方式為布料做防綻處理，所以建議使用防綻液。

剪裁後塗抹

直接在布料邊緣塗上防綻液。待防綻液乾了之後再繼續作業。太用力按壓容器瓶身，會流出太多的防綻液，還請留意。

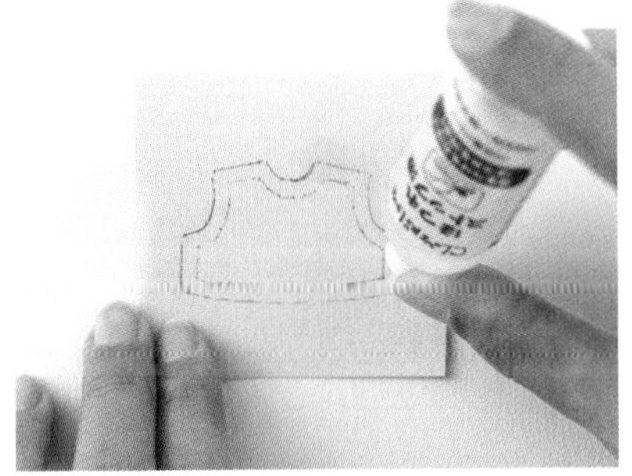

剪裁前塗抹

用容器的前端抵在布料上，沿著縫份輪廓塗上防綻液。這種塗抹方法的速度遠超過剪裁後再塗抹的速度。但是，水性粉土筆的記號會消失，所以請使用耐水性的筆標註記號。

關於縫製方法

這邊將介紹選擇車縫機和針線的方法和實際縫製時的要領。

● 關於車縫機

黏土娃的服裝相當迷你，所以用車縫縫製時也需要一些技巧。但是仍有難以縫製的部分，所以建議搭配手縫縫製。

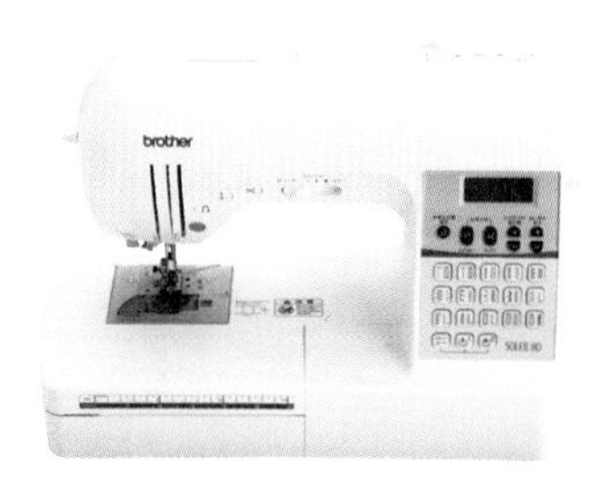

家庭用車縫機

用一台就可以直線縫紉和刺繡縫紉。針板的針孔大，所以布料很容易捲入，還請小心。建議下面墊一張薄紙縫紉，或是準備直線縫紉用的針板。

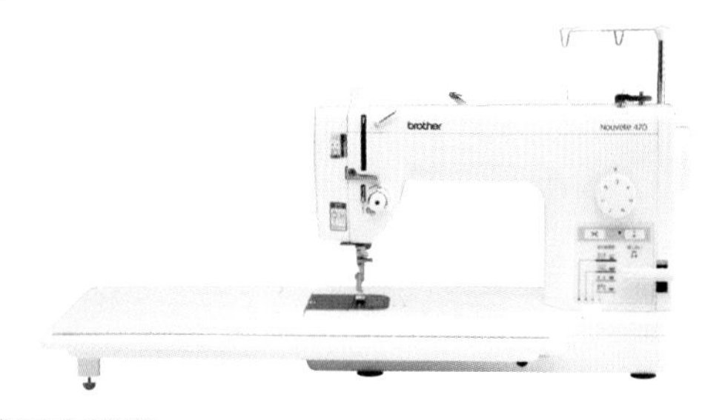

專業用車縫機

強化直線縫紉的車縫機。針板的針孔為直線縫紉用，所以原本就很小，縫製娃娃服飾時使用薄型針板會更容易縫製。壓布腳的種類也很豐富。

如果有會很方便的用品

前抬型壓布腳

專業用車縫機用的壓布腳，前端比標準壓布腳上抬，長度較短，所以縫製圓筒狀部件時很方便。

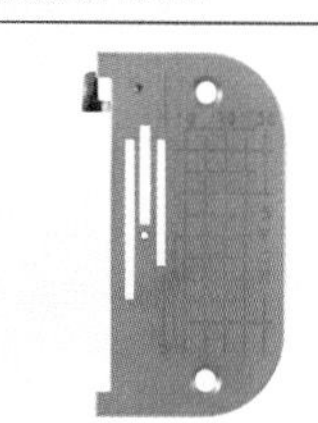

薄布料針板

專業用車縫機用的針板，針孔小，所以布料不易捲入。

● 針和線

配合布料厚度和種類靈活使用。

布料	薄布料	一般布料	針織布料
線	90 番	60 番、80 番	Resilon 針織車縫專用線
針	#9	#11	針織用車縫針

● 針趾長度

如果依照一般縫紉縫線，針趾相對於服裝尺寸會顯得過大。為了配合娃娃的尺寸，針趾也要縫細。

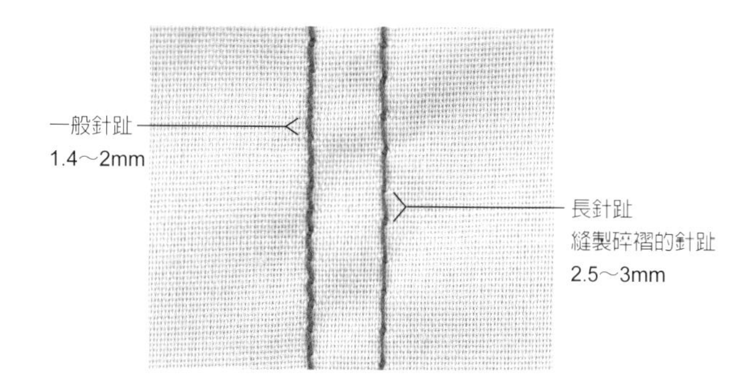
一般針趾
1.4～2mm
長針趾
縫製碎褶的針趾
2.5～3mm

● 整熨縫份的方法

縫好後用熨斗收整縫份。仔細收整也有助於下一項作業。

熨倒

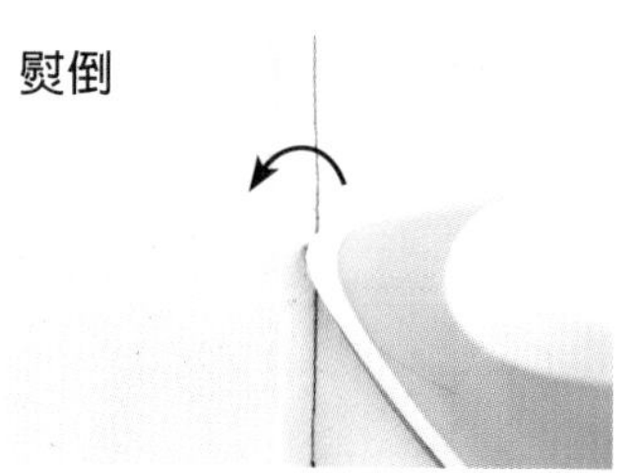

用熨斗尖端將縫份往單側熨摺。

燙開

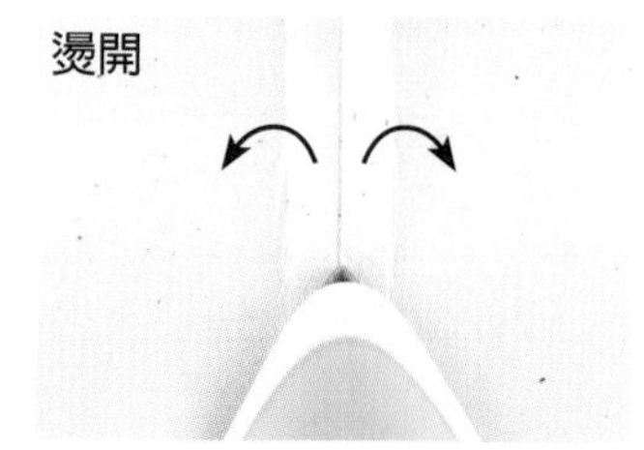

用熨斗尖端將縫份往兩側燙開。

● 縫法要領

縫紉細小部件或邊緣時

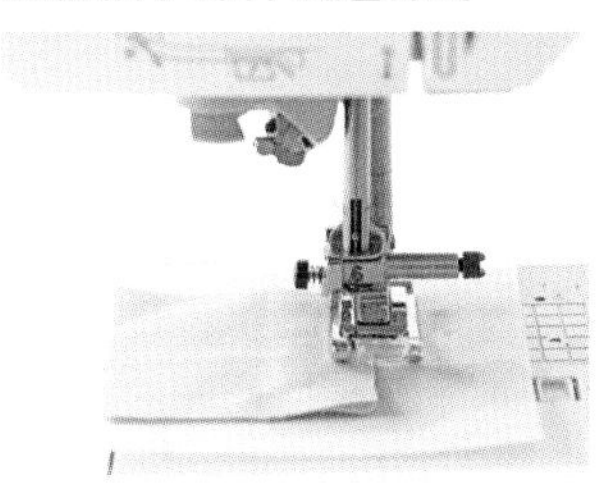

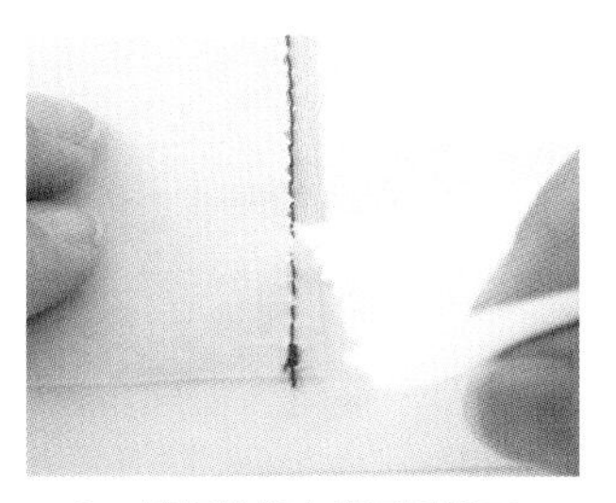

1　因為布料容易捲入車縫機的針孔，所以縫紉時在下面墊描圖紙等薄紙張。

2　縫好後撕去描圖紙即可。

翻面部件

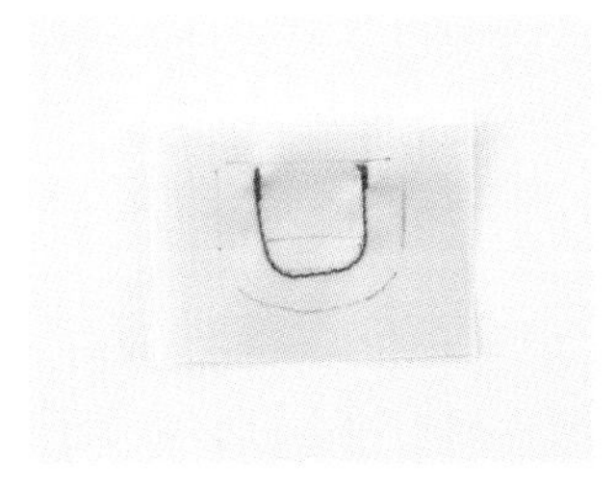

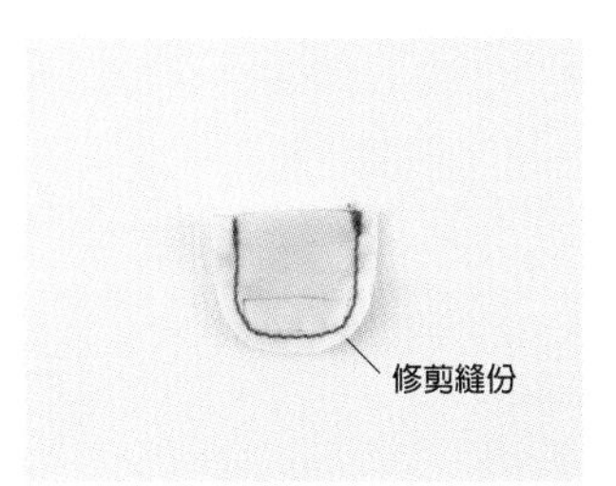
修剪縫份

1　裁下比紙型標記大一圈的布料，只在一片布料標註記號。將布料正面相對縫合完成線。

2　縫合後沿裁切線裁切。有弧線的部分要剪細不要留太寬。

3　翻回正面。

針織布料

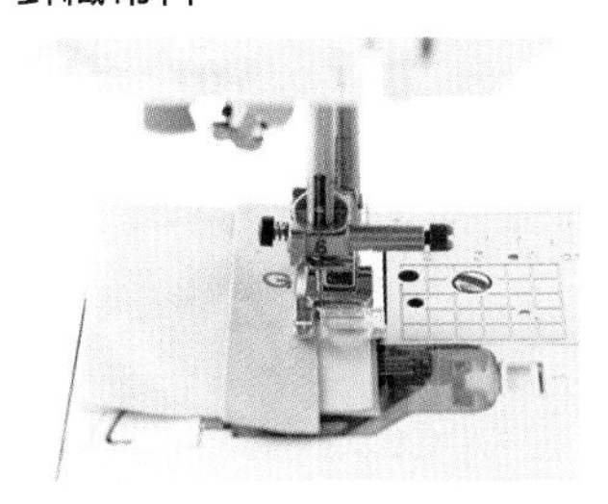

磨砂紙（中紋～細紋）的粗面朝下，夾在布料和壓布腳之間車縫，就可以避免跳針。請注意不要用針縫到磨砂紙。

關於背後的支架孔

黏土娃的背後有一個插入支架的孔。本書的服裝並不適用有孔的規格。如果需要用到支架孔，請依照以下方法為服裝開孔。

沒有開口的衣服

讓黏土娃穿上服裝，確認開孔位置並且標註記號。在記號周圍縫出直徑約 6mm 的圓形，在記號位置用打洞器開出一個直徑約 4mm 的孔。

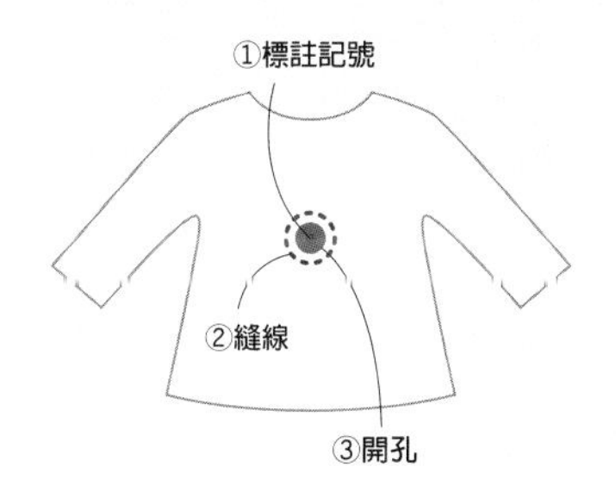
①標註記號
②縫線
③開孔

有後開口的衣服

讓黏土娃穿上服裝，確認開孔位置並且標註記號。和無開口服裝一樣，在記號周圍縫出圓形，再依照後開口重疊的方式，縫半圓後開孔。

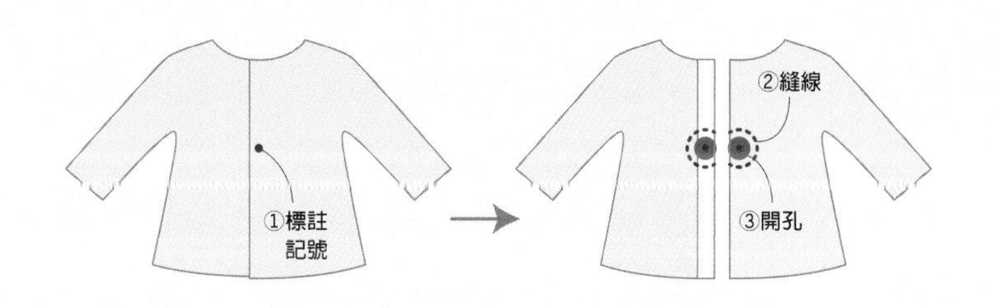
①標註記號
②縫線
③開孔

Lesson
風衣和裙子

實物大紙型

風衣：P.53
前上身、後上身、衣袖、貼邊布、衣領、掀蓋、皮帶

裙子：P.53
裙片、腰帶

材料

風衣
- 尼龍布（深藍色）：30×30cm
- 內徑 5mm 扣環：1 個
- 直徑 3mm 燙鑽：6 顆

裙子
- 細平布（條紋）：12×7cm
- 超薄魔鬼氈：1×0.5cm

風衣

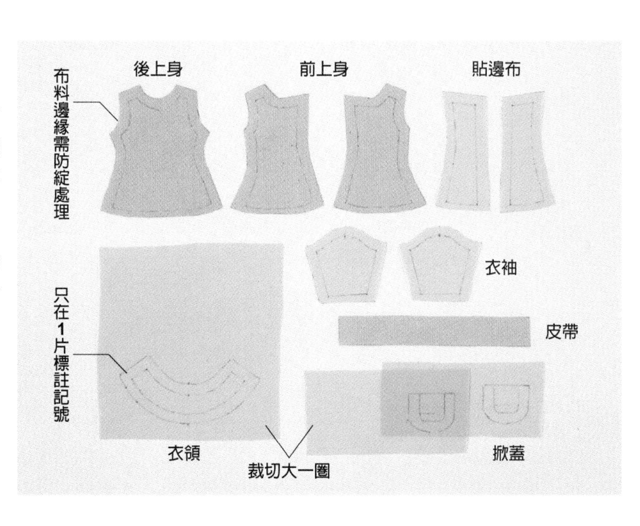

後上身
前上身
貼邊布
布料邊緣需防綻處理
衣袖
皮帶
只在1片標註記號
衣領
裁切大一圈
掀蓋

1 裁切每個部件所需片數。衣領和掀蓋先縫合再裁切，所以要裁切得比紙型大一圈。在前上身、後上身、貼邊布、衣袖和皮帶布料邊緣都先塗上防綻液。

0.5
前上身（反面）
後上身（正面）
燙開縫份

2 前上身和後上身正面相對縫合肩線並且燙開縫份。

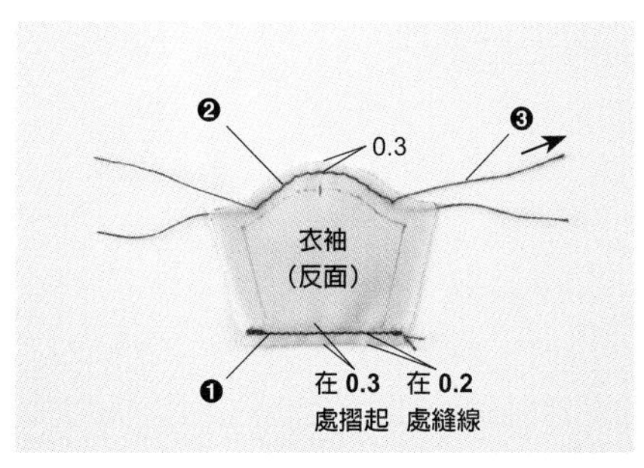

❷
0.3
❸
衣袖（反面）
❶
在 0.3 處摺起
在 0.2 處縫線

3 袖口雙摺邊後縫線。袖山以長針趾在縫份縫線（參閱 P.28）。拉緊袖山上方縫線的線端，將縫份收縮。

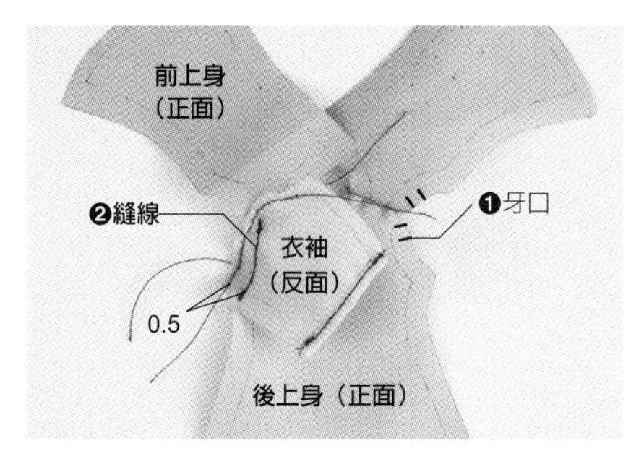

前上身（正面）
❷縫線
❶牙口
衣袖（反面）
0.5
後上身（正面）

4 在上身縫份剪出牙口。上身和衣袖正面相對縫合袖圍。因為服裝迷你，所以前後上身分開較容易縫製。照片是後上身縫好的樣子。

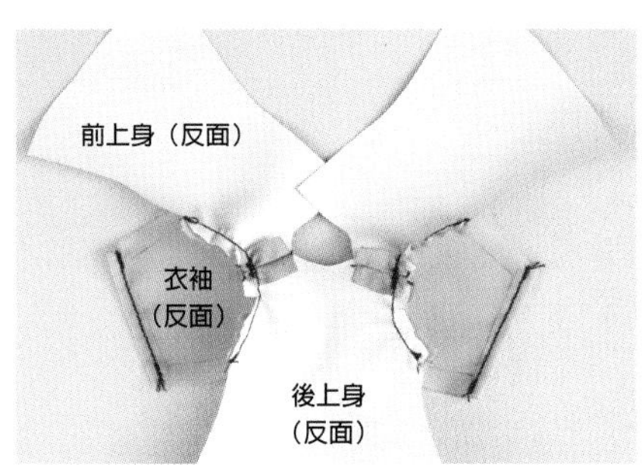

前上身（反面）
衣袖（反面）
後上身（反面）

5 另一邊衣袖也用相同方法縫合，並且燙開縫份。

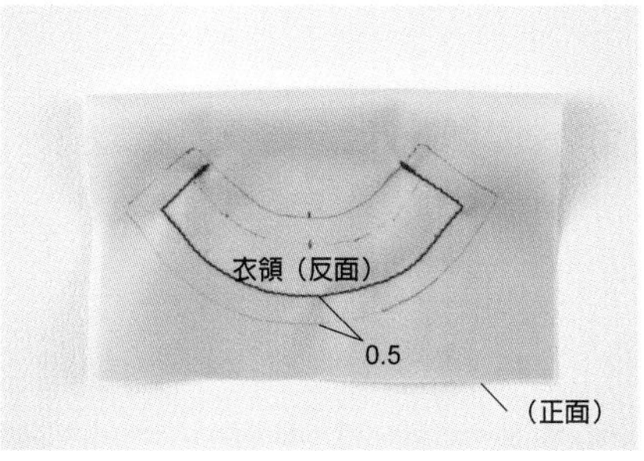

衣領（反面）
0.5
（正面）

6 衣領剪裁得比紙型大一圈後，正面相對縫合外圍的完成線。

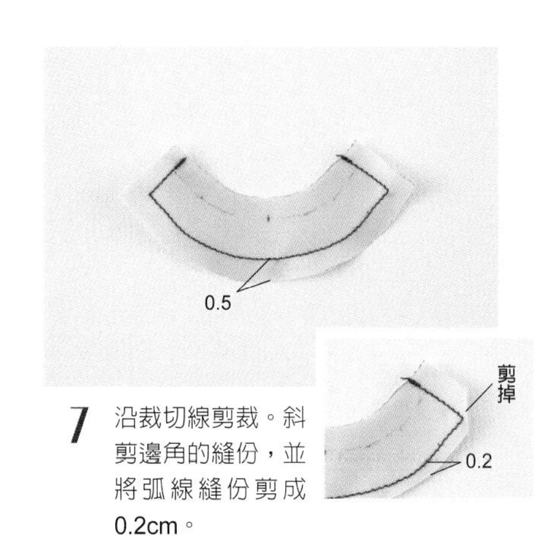

0.5
剪掉
0.2

7 沿裁切線剪裁。斜剪邊角的縫份，並將弧線縫份剪成0.2cm。

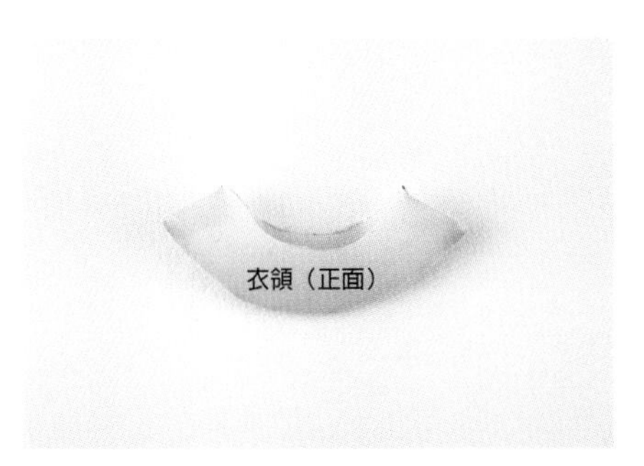
衣領（正面）

8 將衣領翻回正面。

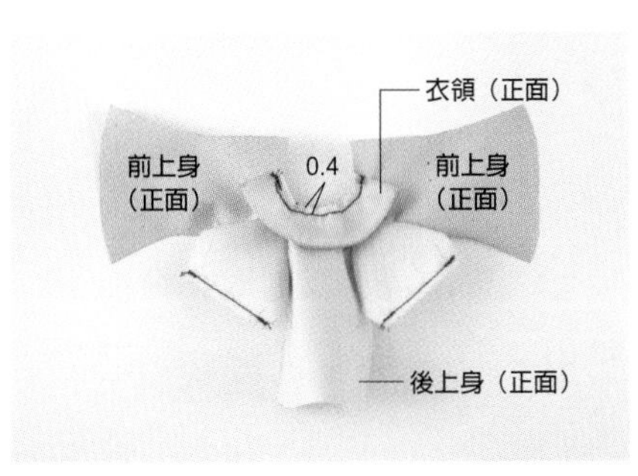
衣領（正面）
前上身
（正面）
0.4
前上身
（正面）
後上身（正面）

9 將衣領與上身重疊後暫時固定。

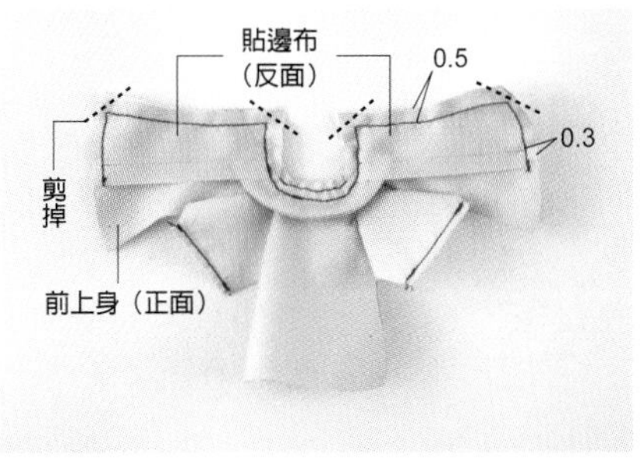
貼邊布
（反面）
0.5
0.3
剪掉
前上身（正面）

10 前上身和貼邊布正面相對重疊，縫合衣襬～前端～領圍。斜剪邊角的縫份。

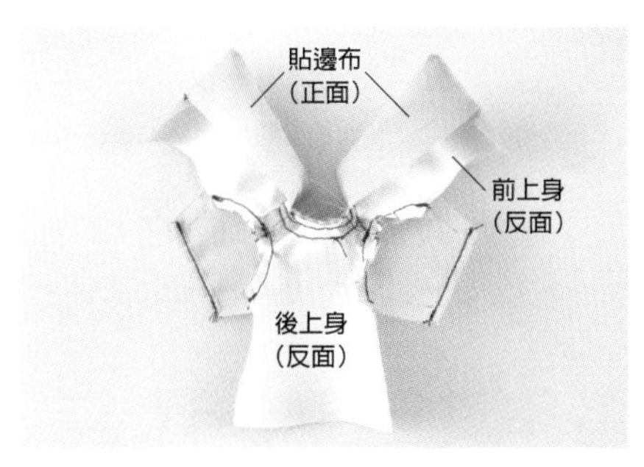
貼邊布
（正面）
前上身
（反面）
後上身
（反面）

11 將貼邊布翻回正面。

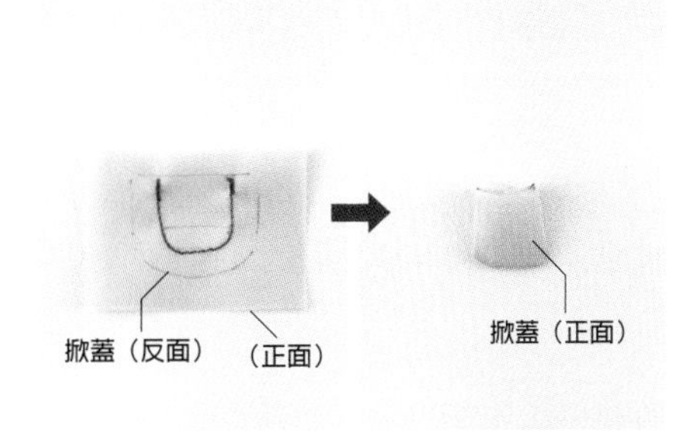
掀蓋（反面）
（正面）
掀蓋（正面）

12 掀蓋裁切得比紙型大一圈後，正面相對縫合完成線。如步驟 7 一樣，剪掉多餘的縫份後翻回正面。

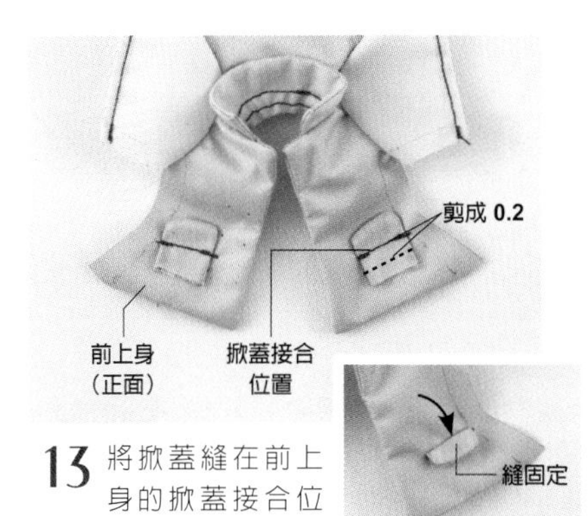
剪成 0.2
前上身
（正面）
掀蓋接合
位置
縫固定

13 將掀蓋縫在前上身的掀蓋接合位置。將縫份剪成0.2cm，並且將掀蓋往下倒，再用手縫固定在上身。

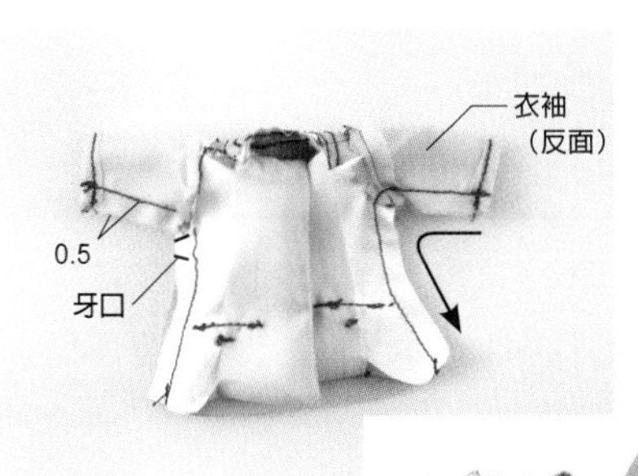
衣袖
（反面）
0.5
牙口

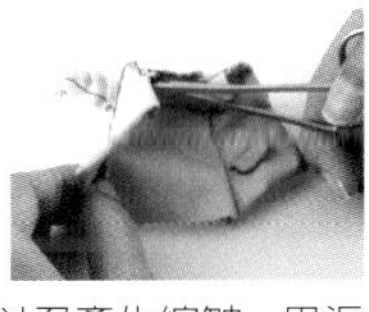

14 衣袖和上身正面相對，從袖口持續縫合至衣襬。在縫份剪出牙口並且燙開以免產生縮皺。用返裡鉗翻回正面。

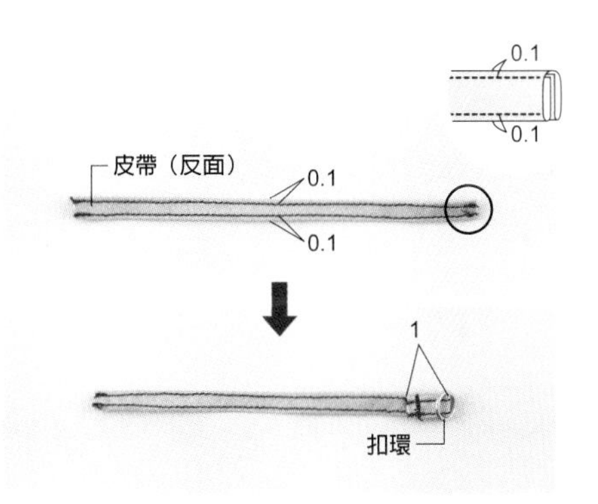
0.1
0.1
皮帶（反面）
0.1
0.1
1
扣環

15 將皮帶長邊摺起，兩端加上縫線，皮帶穿過扣環，將邊端縫固定。

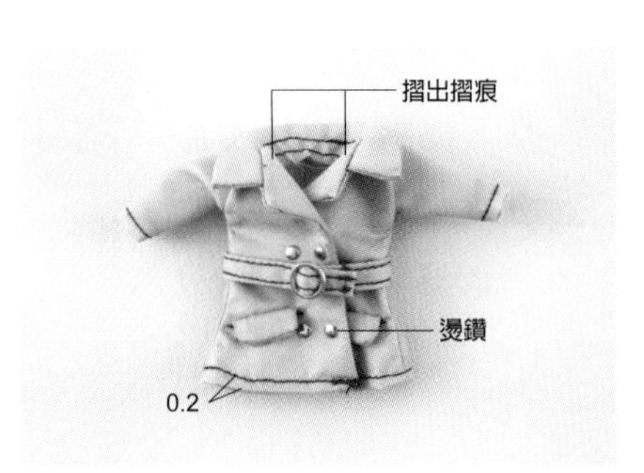
摺出摺痕
燙鑽
0.2

16 將衣襬雙摺邊後縫線。貼邊布摺出摺痕，並且用熨斗將燙鑽燙黏在前上身。配上皮帶即完成。

裙子

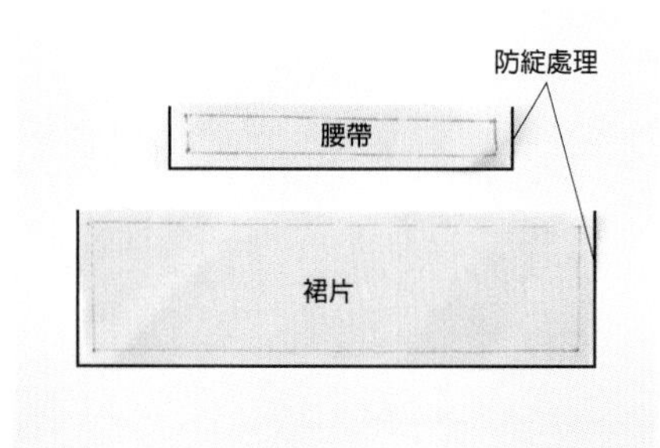

防綻處理
腰帶
裙片

1 裁切腰帶和裙片，並且都先塗上防綻液。

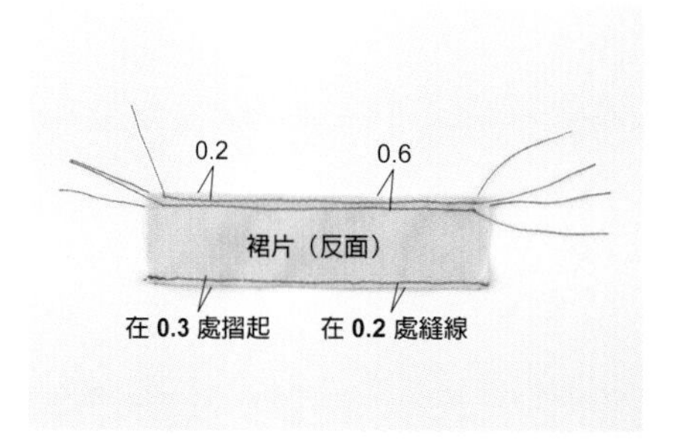

0.2
0.6
裙片（反面）
在 0.3 處摺起
在 0.2 處縫線

2 裙襬雙摺邊後縫線。腰圍縫上 2 條長針趾的縫線。

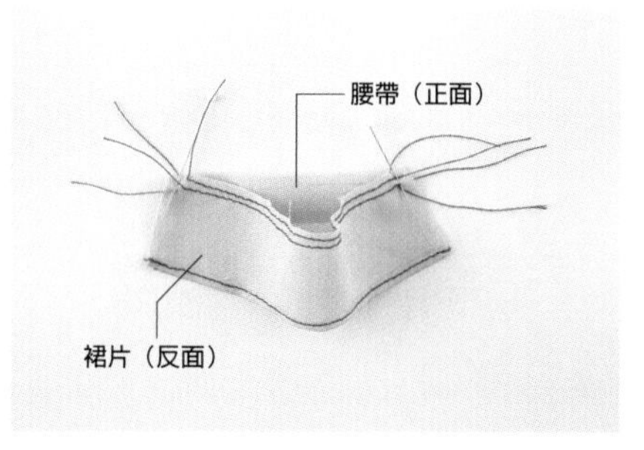

腰帶（正面）
裙片（反面）

3 腰帶沒有塗上防綻液的該側和裙片正面相對，用待針固定邊緣。

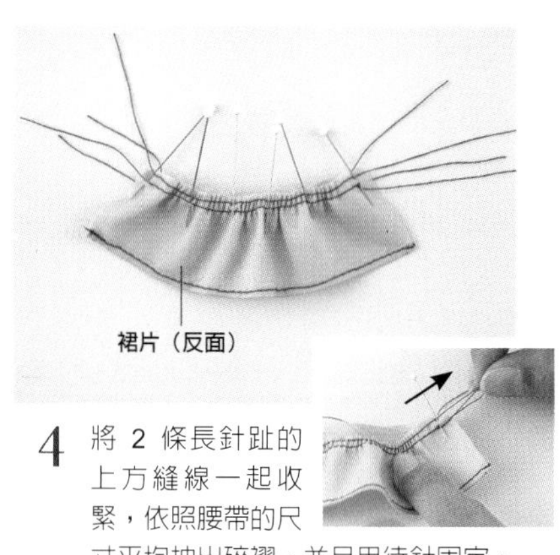

裙片（反面）

4 將 2 條長針趾的上方縫線一起收緊，依照腰帶的尺寸平均抽出碎褶，並且用待針固定。

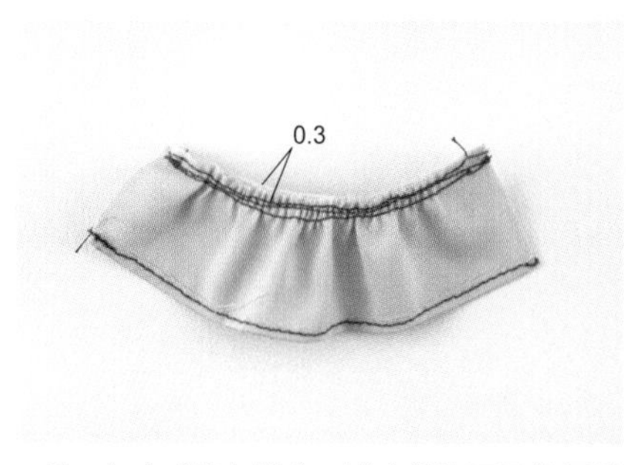

0.3

5 在完成線上縫合。拔去側邊可見的長針趾縫線。

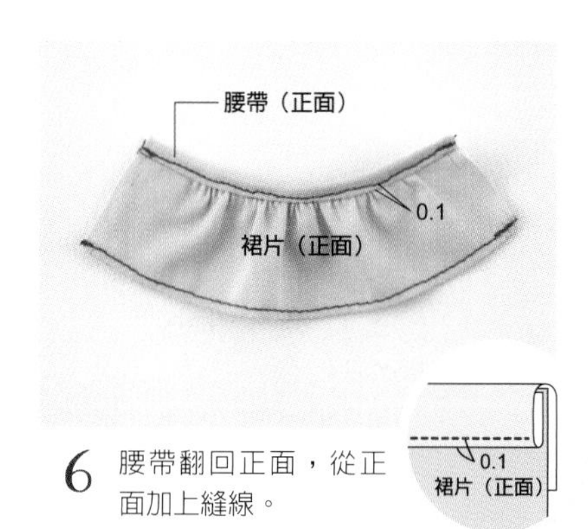

腰帶（正面）
0.1
裙片（正面）
0.1
裙片（正面）

6 腰帶翻回正面，從正面加上縫線。

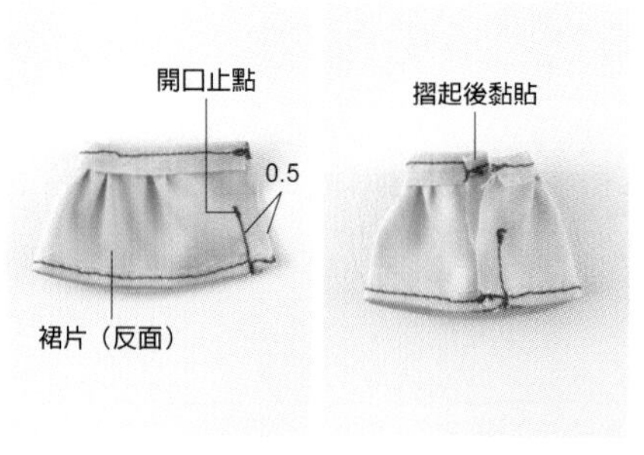

開口止點
0.5
裙片（反面）
摺起後黏貼

7 裙片正面相對縫合至開口止點。縫份向左側倒。腰帶用接著劑黏貼或用手縫固定。

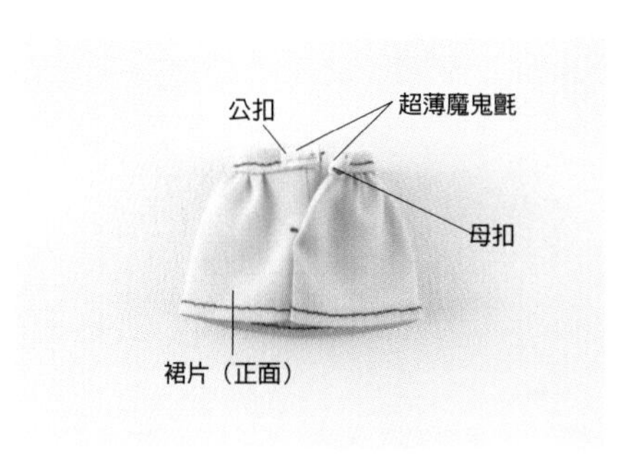

公扣
超薄魔鬼氈
母扣
裙片（正面）

8 翻回正面，用接著劑將剪成 0.7×0.3cm 的超薄魔鬼氈黏貼在腰帶。

9 完成。

How to make

- 請參閱 P.27 的紙型使用方法，影印頁面中的實物大紙型或描摹使用。
- 本書的紙型含有縫份，所以不需要另外加上縫份。
- 材料尺寸標記順序為寬×長。
- 使用的印花布料如果有花紋朝向，尺寸標記順序可能會不同還請留意。
- 作法步驟中省略了布料邊緣的防綻處理。裁切時請先塗防綻液再製作。
- 作法頁面中未特別標記的數字單位為 cm。
- 請參閱 P.24 的基本作業，開心享受製作服飾的樂趣。

連帽衣套裝 » P.6

實物大紙型 » P.36

材料

〈兔耳連帽衣〉
絨毛內裡針織（水藍色）：30x15cm
羅紋針織（水藍色）：9x6cm
長 20cm 的 3 號尼龍開口拉鍊：1 條

〈牛仔褲〉
牛仔布：18x7cm
直徑 0.4cm 鈕扣：1 顆
直徑 0.4cm 按扣：1 組

兔耳連帽衣

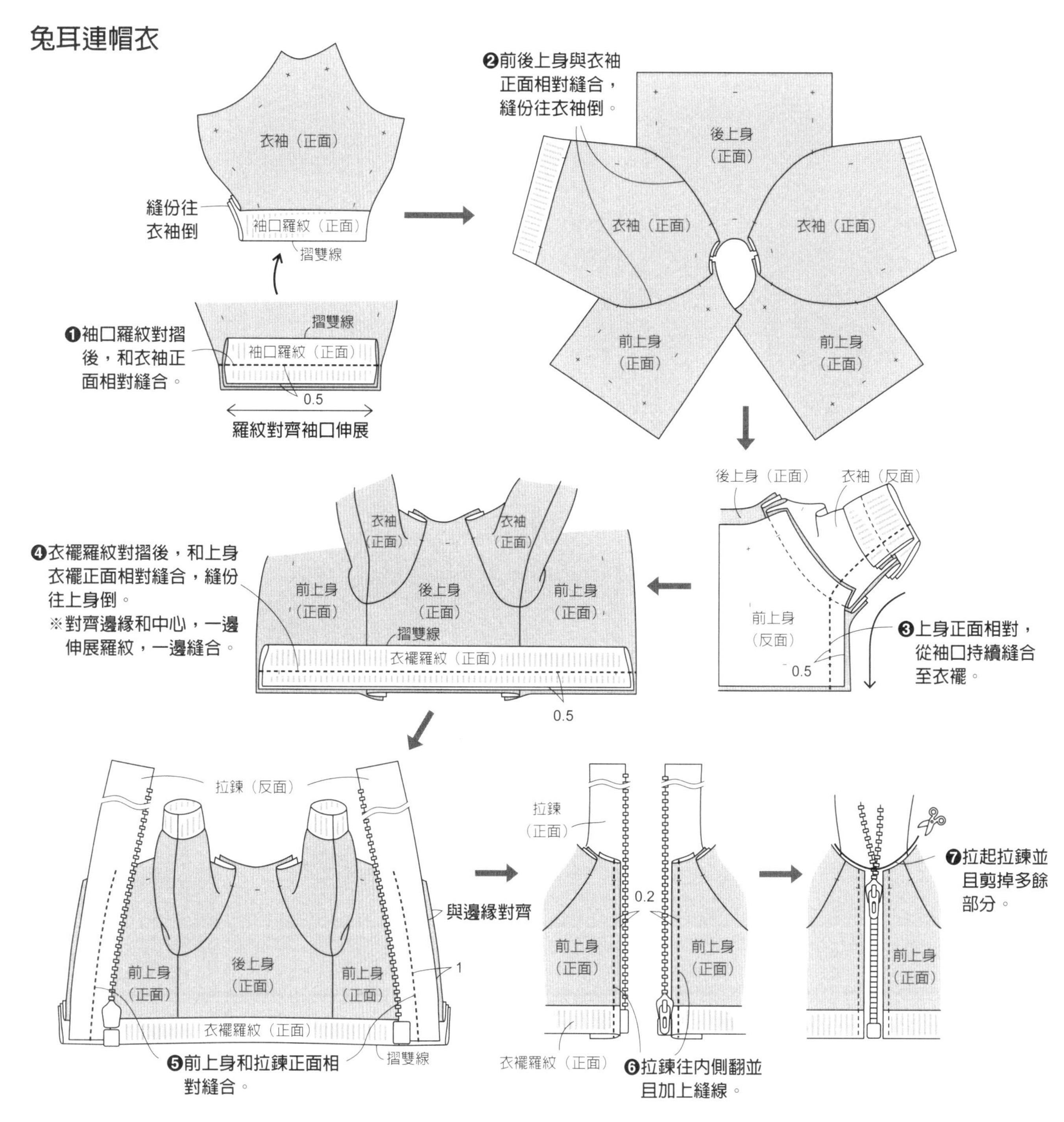

衣袖（正面）
縫份往衣袖倒
袖口羅紋（正面）
摺雙線
❶袖口羅紋對摺後，和衣袖正面相對縫合。
摺雙線
袖口羅紋（正面）
0.5
羅紋對齊袖口伸展
❷前後上身與衣袖正面相對縫合，縫份往衣袖倒。
後上身（正面）
衣袖（正面）
衣袖（正面）
前上身（正面）
前上身（正面）
後上身（正面）
衣袖（反面）
前上身（反面）
0.5
❸上身正面相對，從袖口持續縫合至衣襬。
❹衣襬羅紋對摺後，和上身衣襬正面相對縫合，縫份往上身倒。
※對齊邊緣和中心，一邊伸展羅紋，一邊縫合。
衣袖（正面）
衣袖（正面）
前上身（正面）
後上身（正面）
前上身（正面）
摺雙線
衣襬羅紋（正面）
0.5
拉鍊（反面）
與邊緣對齊
前上身（正面）
後上身（正面）
前上身（正面）
1
衣襬羅紋（正面）
摺雙線
❺前上身和拉鍊正面相對縫合。
拉鍊（正面）
0.2
前上身（正面）
前上身（正面）
衣襬羅紋（正面）
❻拉鍊往內側翻並且加上縫線。
❼拉起拉鍊並且剪掉多餘部分。
前上身（正面）

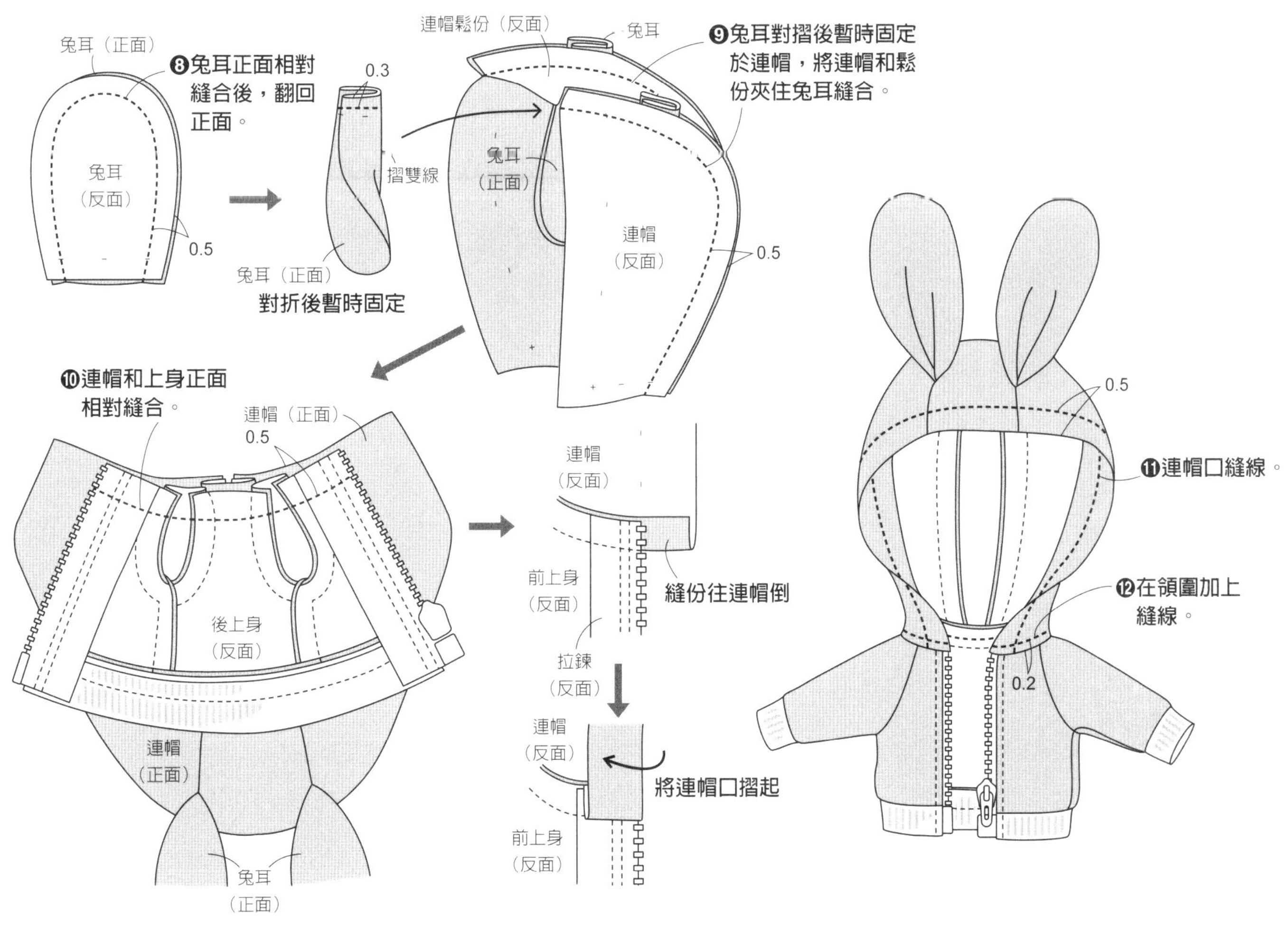
兔耳（正面）
❽兔耳正面相對縫合後，翻回正面。
兔耳
（反面）
0.5
0.3
摺雙線
兔耳（正面）
對折後暫時固定
連帽鬆份（反面）
兔耳
❾兔耳對摺後暫時固定於連帽，將連帽和鬆份夾住兔耳縫合。
兔耳
（正面）
連帽
（反面）
0.5
❿連帽和上身正面相對縫合。
連帽（正面）
0.5
後上身
（反面）
連帽
（正面）
兔耳
（正面）
連帽
（反面）
前上身
（反面）
縫份往連帽倒
拉鍊
（反面）
連帽
（反面）
將連帽口摺起
前上身
（反面）
0.5
⓫連帽口縫線。
⓬在領圍加上縫線。
0.2

牛仔褲

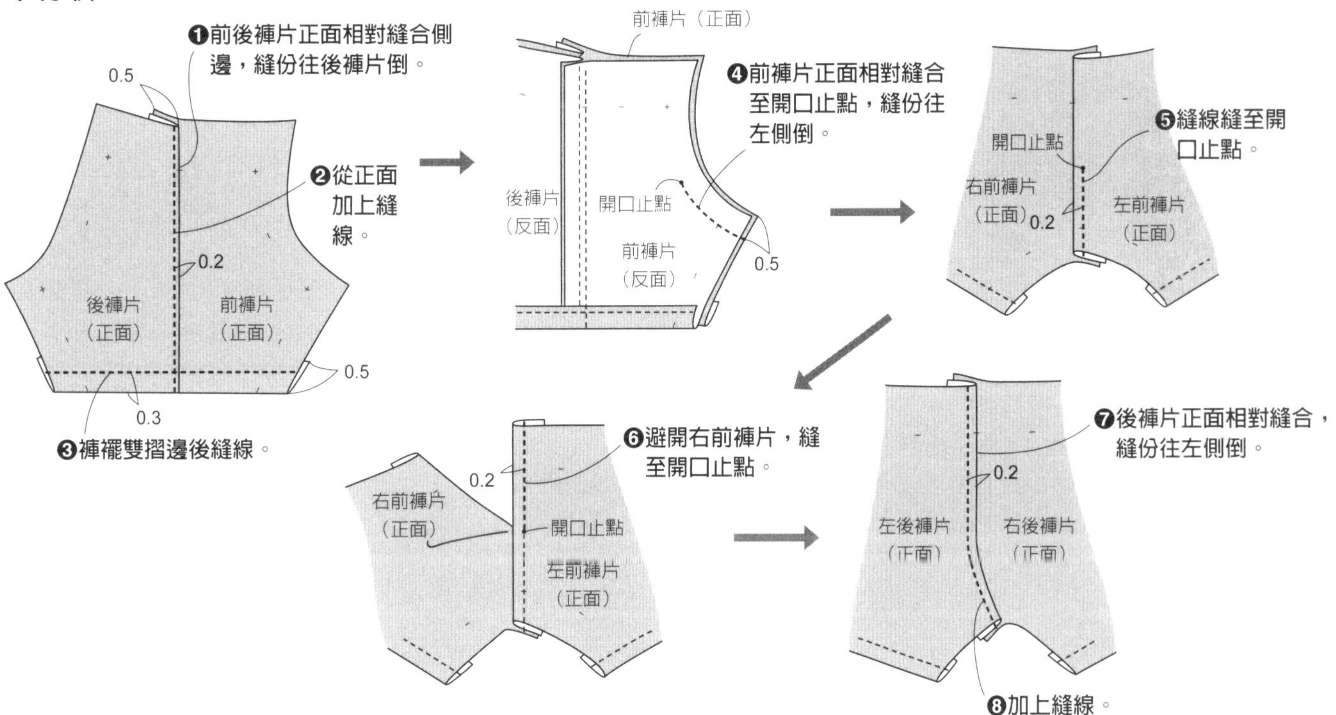
❶前後褲片正面相對縫合側邊，縫份往後褲片倒。
0.5
❷從正面加上縫線。
0.2
後褲片
（正面）
前褲片
（正面）
0.5
0.3
❸褲襬雙摺邊後縫線。
前褲片（正面）
❹前褲片正面相對縫合至開口止點，縫份往左側倒。
後褲片
（反面）
開口止點
前褲片
（反面）
0.5
開口止點
❺縫線縫至開口止點。
右前褲片
（正面）
0.2
左前褲片
（正面）
右前褲片
（正面）
0.2
開口止點
左前褲片
（正面）
❻避開右前褲片，縫至開口止點。
❼後褲片正面相對縫合，縫份往左側倒。
0.2
左後褲片
（正面）
右後褲片
（正面）
❽加上縫線。

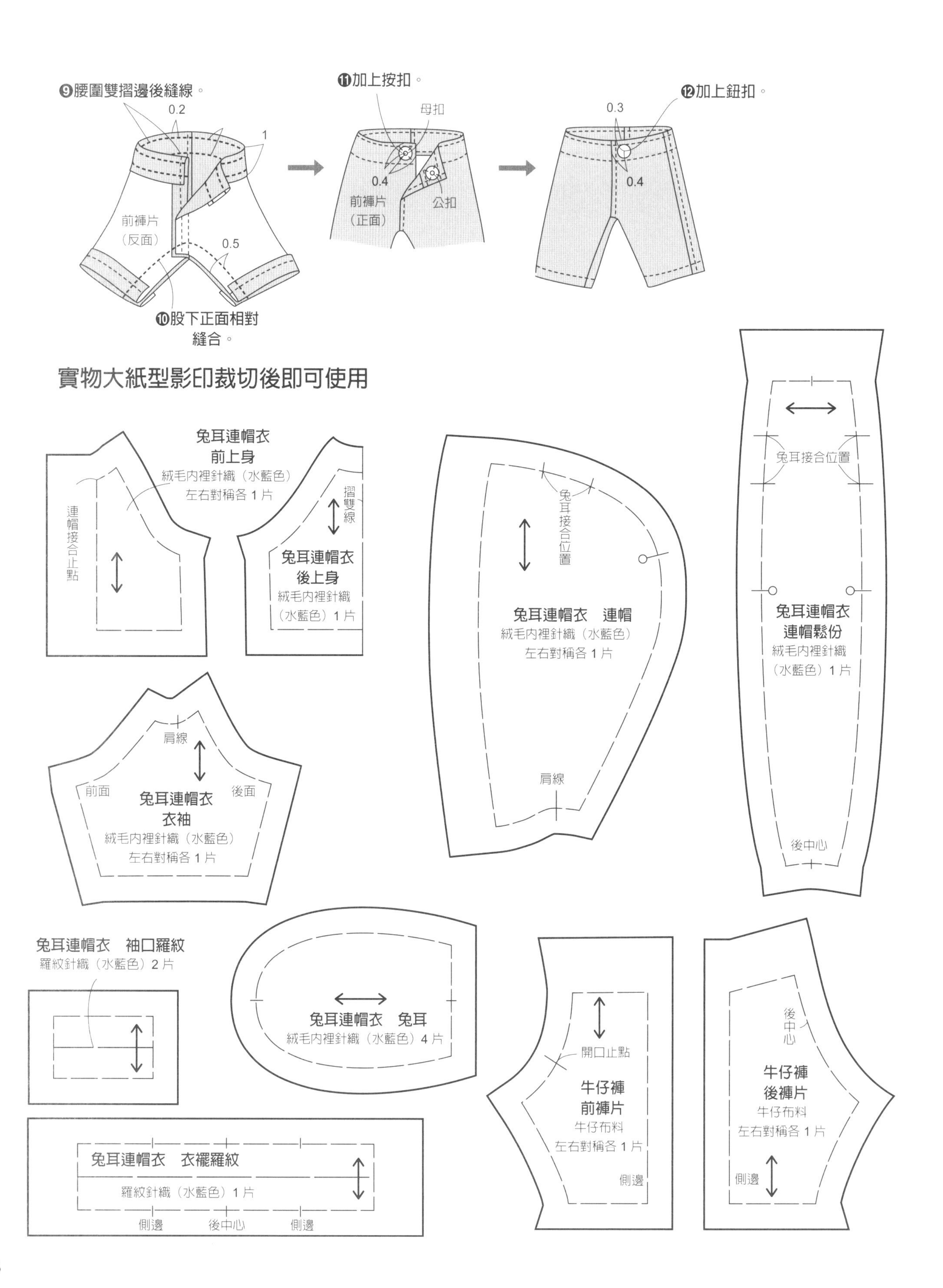

❾腰圍雙摺邊後縫線。
0.2
1
前褲片
（反面）
0.5
❿股下正面相對
縫合。
⓫加上按扣。
母扣
0.4
前褲片
（正面）
公扣
⓬加上鈕扣。
0.3
0.4
實物大紙型影印裁切後即可使用
兔耳連帽衣
前上身
絨毛內裡針織（水藍色）
左右對稱各 1 片
連帽接合止點
摺雙線
兔耳連帽衣
後上身
絨毛內裡針織
（水藍色）1 片
兔耳接合位置
兔耳連帽衣　連帽
絨毛內裡針織（水藍色）
左右對稱各 1 片
肩線
兔耳接合位置
兔耳連帽衣
連帽鬆份
絨毛內裡針織
（水藍色）1 片
後中心
肩線
前面
後面
兔耳連帽衣
衣袖
絨毛內裡針織（水藍色）
左右對稱各 1 片
兔耳連帽衣　袖口羅紋
羅紋針織（水藍色）2 片
兔耳連帽衣　兔耳
絨毛內裡針織（水藍色）4 片
開口止點
牛仔褲
前褲片
牛仔布料
左右對稱各 1 片
側邊
後中心
牛仔褲
後褲片
牛仔布料
左右對稱各 1 片
側邊
兔耳連帽衣　衣襬羅紋
羅紋針織（水藍色）1 片
側邊
後中心
側邊

連身裙套裝 ›› P.6

實物大紙型 ›› P.39

材料

〈兔耳髮箍〉	〈荷葉邊連身裙〉	0.9cm 寬蕾絲（白色）：12cm
絨毛（白色）：18x12cm	斜紋織布（粉紅色）：25x17cm	0.3cm 寬鬆緊帶：4cm
0.6cm 寬鬆緊帶：6cm	細平布（白色）：5x4cm	0.6cm 寬緞帶（粉紅色）：8cm
0.6cm 寬緞帶（粉紅色）：16cm	2cm 寬雙邊貝殼蕾絲（白色）：3cm	直徑 0.4cm 按扣：3 組

兔耳髮箍

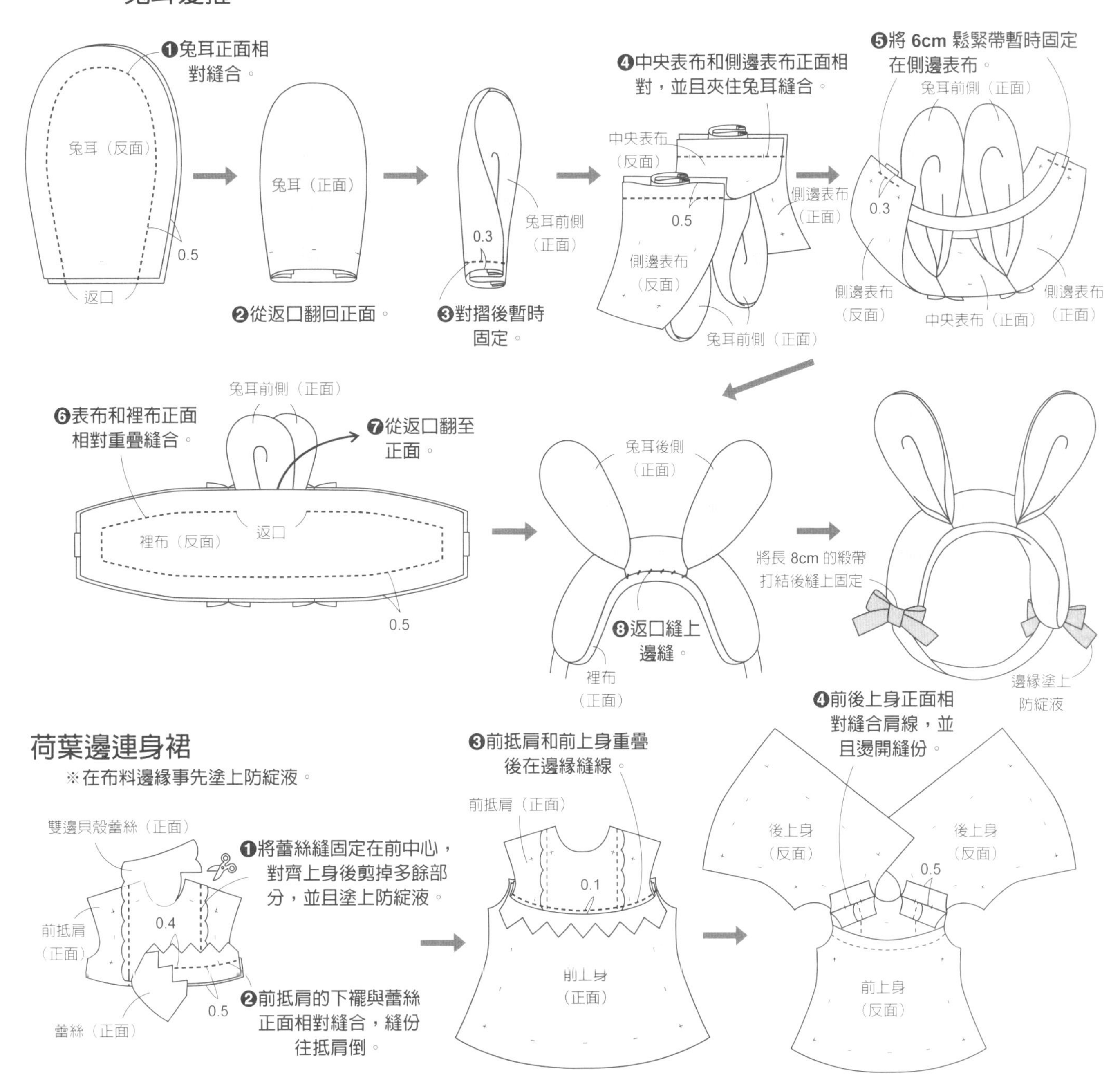

❶兔耳正面相對縫合。
兔耳（反面）
0.5
返口
兔耳（正面）
❷從返口翻回正面。
0.3
兔耳前側（正面）
❸對摺後暫時固定。
❹中央表布和側邊表布正面相對，並且夾住兔耳縫合。
中央表布（反面）
0.5
側邊表布（正面）
側邊表布（反面）
兔耳前側（正面）
❺將 6cm 鬆緊帶暫時固定在側邊表布。
兔耳前側（正面）
0.3
側邊表布（反面）
中央表布（正面）
側邊表布（正面）
兔耳前側（正面）
❻表布和裡布正面相對重疊縫合。
❼從返口翻至正面。
裡布（反面）
返口
0.5
兔耳後側（正面）
❽返口縫上邊縫。
裡布（正面）
將長 8cm 的緞帶打結後縫上固定
邊緣塗上防綻液
荷葉邊連身裙
※在布料邊緣事先塗上防綻液。
雙邊貝殼蕾絲（正面）
❶將蕾絲縫固定在前中心，對齊上身後剪掉多餘部分，並且塗上防綻液。
前抵肩（正面）
0.4
0.5
蕾絲（正面）
❷前抵肩的下襬與蕾絲正面相對縫合，縫份往抵肩倒。
❸前抵肩和前上身重疊後在邊緣縫線。
前抵肩（正面）
0.1
前上身（正面）
❹前後上身正面相對縫合肩線，並且燙開縫份。
後上身（反面）
後上身（反面）
0.5
前上身（反面）

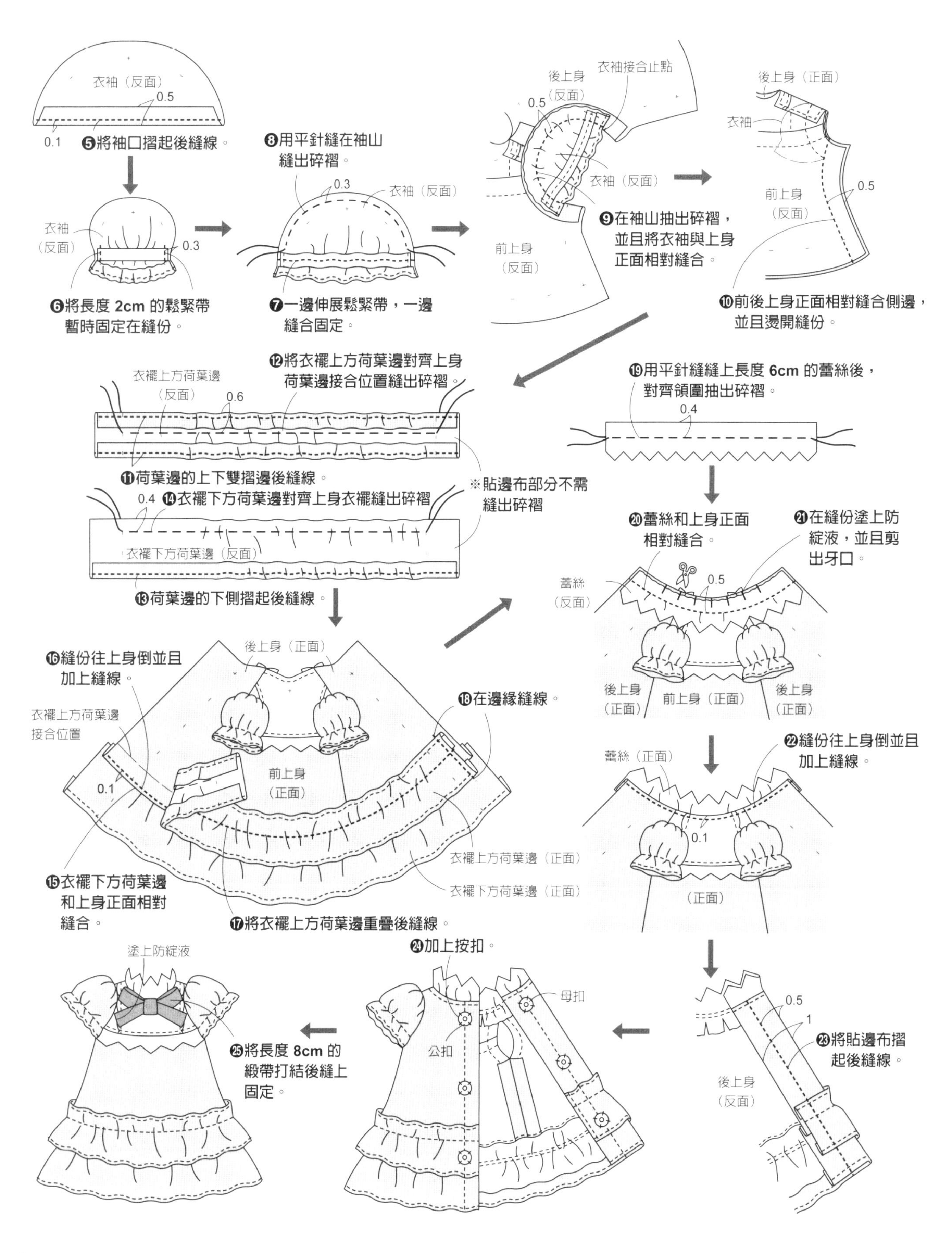
衣袖（反面）
0.5
0.1
❺將袖口摺起後縫線。
衣袖（反面）
0.3
❻將長度 2cm 的鬆緊帶暫時固定在縫份。
❽用平針縫在袖山縫出碎褶。
0.3
衣袖（反面）
❼一邊伸展鬆緊帶，一邊縫合固定。
後上身（反面）
衣袖接合止點
0.5
衣袖（反面）
前上身（反面）
❾在袖山抽出碎褶，並且將衣袖與上身正面相對縫合。
後上身（正面）
衣袖
前上身（反面）
0.5
❿前後上身正面相對縫合側邊，並且燙開縫份。
⓬將衣襬上方荷葉邊對齊上身荷葉邊接合位置縫出碎褶。
衣襬上方荷葉邊（反面）
0.6
⓫荷葉邊的上下雙摺邊後縫線。
0.4
⓮衣襬下方荷葉邊對齊上身衣襬縫出碎褶
※貼邊布部分不需縫出碎褶
衣襬下方荷葉邊（反面）
⓭荷葉邊的下側摺起後縫線。
⓳用平針縫縫上長度 6cm 的蕾絲後，對齊領圍抽出碎褶。
0.4
⓴蕾絲和上身正面相對縫合。
㉑在縫份塗上防綻液，並且剪出牙口。
蕾絲（反面）
0.5
後上身（正面）
前上身（正面）
後上身（正面）
⓰縫份往上身倒並且加上縫線。
後上身（正面）
衣襬上方荷葉邊接合位置
0.1
前上身（正面）
⓲在邊緣縫線。
衣襬上方荷葉邊（正面）
衣襬下方荷葉邊（正面）
⓯衣襬下方荷葉邊和上身正面相對縫合。
⓱將衣襬上方荷葉邊重疊後縫線。
蕾絲（正面）
㉒縫份往上身倒並且加上縫線。
0.1
（正面）
塗上防綻液
㉕將長度 8cm 的緞帶打結後縫上固定。
㉔加上按扣。
母扣
公扣
0.5
1
㉓將貼邊布摺起後縫線。
後上身（反面）

實物大紙型影印裁切後即可使用

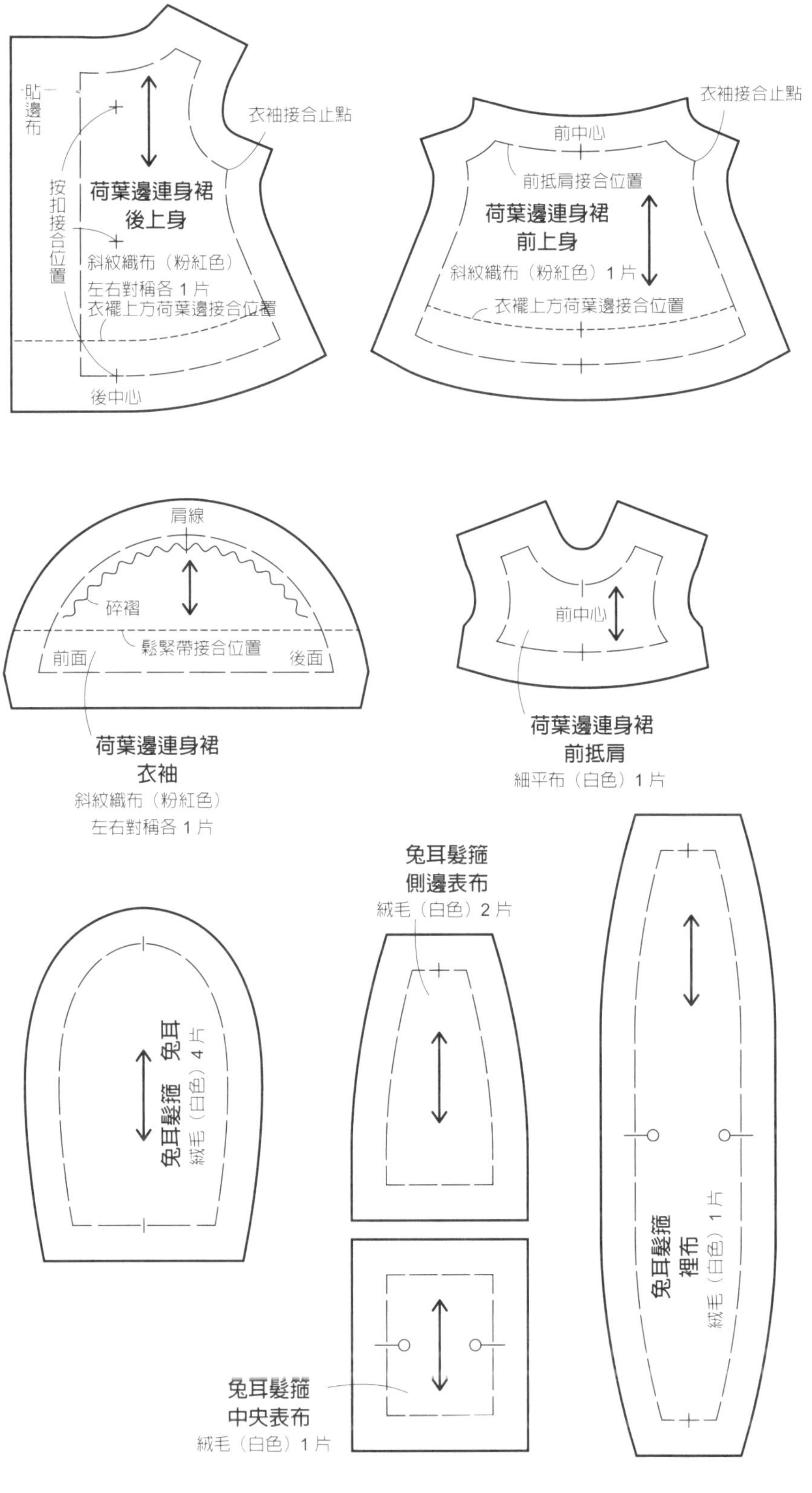

荷葉邊連身裙
後上身
斜紋織布（粉紅色）
左右對稱各1片
衣襬上方荷葉邊接合位置
衣袖接合止點
貼邊布
按扣接合位置
後中心

荷葉邊連身裙
前上身
斜紋織布（粉紅色）1片
衣袖接合止點
前中心
前抵肩接合位置
衣襬上方荷葉邊接合位置

荷葉邊連身裙
衣袖
斜紋織布（粉紅色）
左右對稱各1片
肩線
碎褶
鬆緊帶接合位置
前面
後面

荷葉邊連身裙
前抵肩
細平布（白色）1片
前中心

兔耳髮箍
兔耳
絨毛（白色）4片

兔耳髮箍
側邊表布
絨毛（白色）2片

兔耳髮箍
中央表布
絨毛（白色）1片

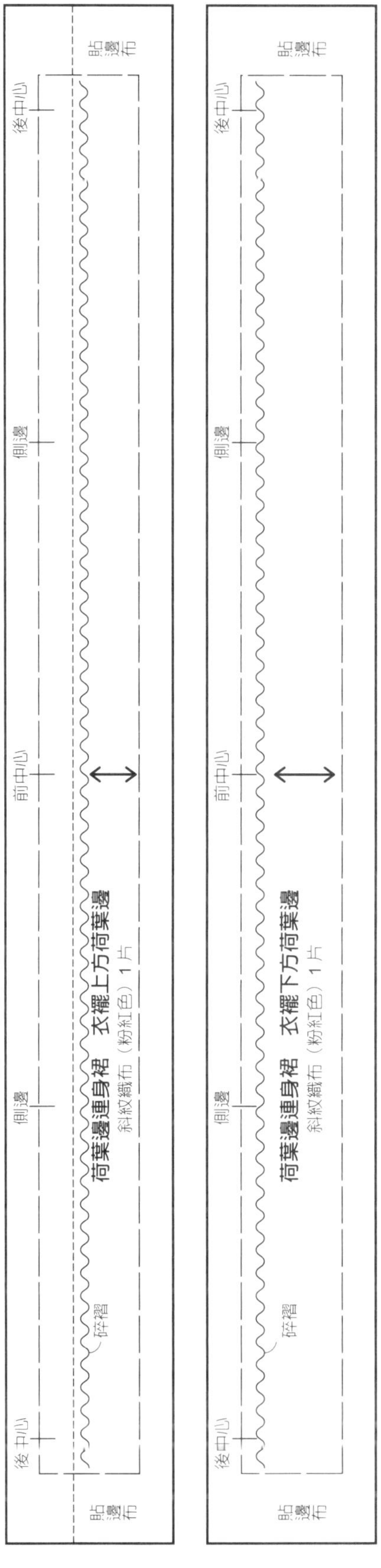

兔耳髮箍
裡布
絨毛（白色）1片

荷葉邊連身裙　衣襬上方荷葉邊
斜紋織布（粉紅色）1片
貼邊布
後中心
側邊
前中心
側邊
後中心
碎褶
貼邊布

荷葉邊連身裙　衣襬下方荷葉邊
斜紋織布（粉紅色）1片
貼邊布
後中心
側邊
前中心
側邊
後中心
碎褶
貼邊布

禮服 ›› P.8

實物大紙型 ›› P.42,43

材料

〈結婚禮服〉
緞面（圓點）：56x23cm
布襯：10x9cm
直徑 0.4cm 按扣：4 組
0.9cm 寬沙丁緞帶（白色）：14cm
30 番的線：適量

〈面紗〉
7cm 寬薄紗蕾絲（白色）：21cm
直徑 0.35cm 珍珠圓珠：5 顆

結婚禮服

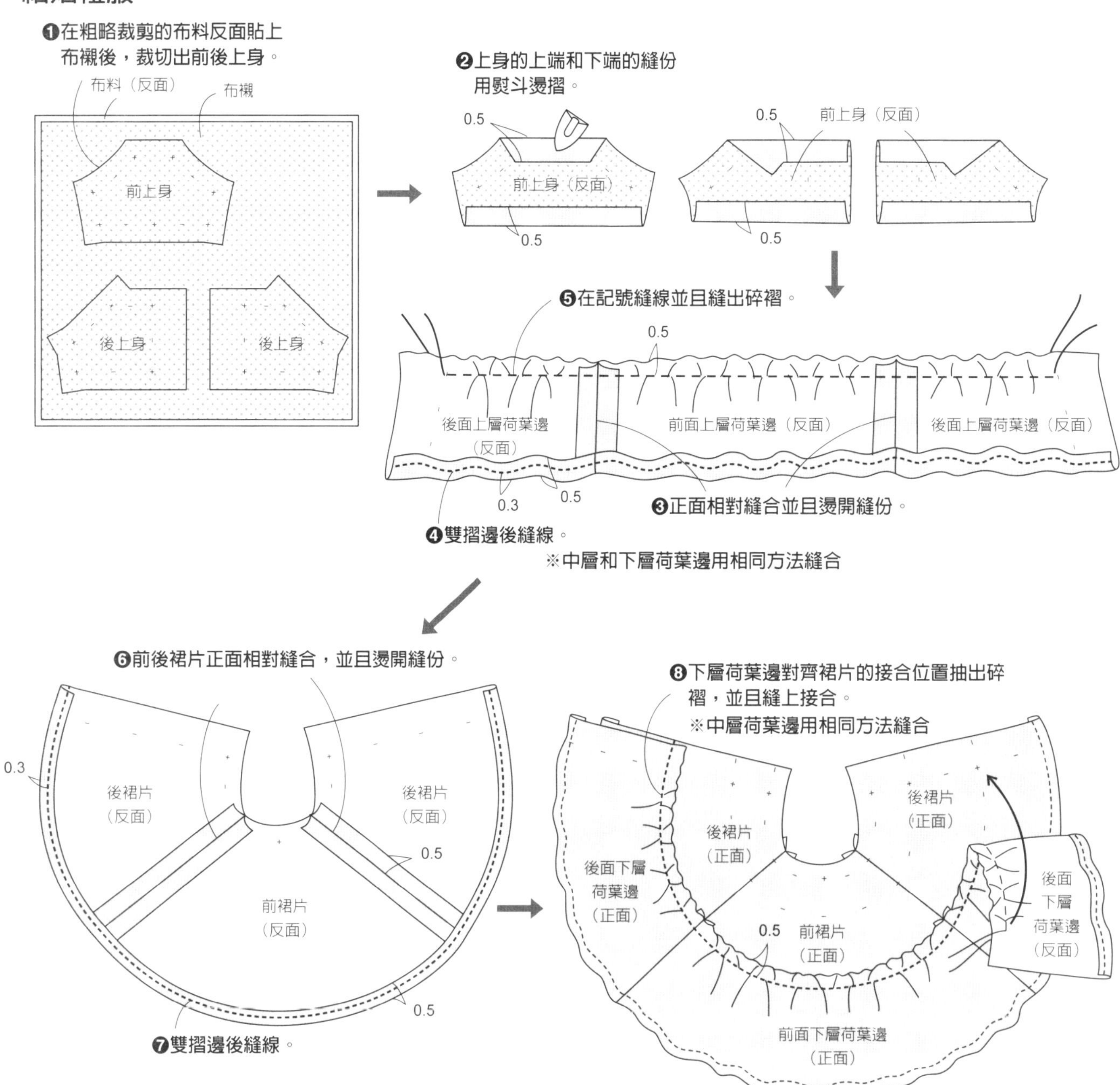

❶在粗略裁剪的布料反面貼上布襯後，裁切出前後上身。
布料（反面）
布襯
前上身
後上身
後上身
❷上身的上端和下端的縫份用熨斗燙摺。
0.5
前上身（反面）
0.5
0.5
前上身（反面）
0.5
❺在記號縫線並且縫出碎褶。
0.5
後面上層荷葉邊（反面）
前面上層荷葉邊（反面）
後面上層荷葉邊（反面）
0.3
0.5
❸正面相對縫合並且燙開縫份。
❹雙摺邊後縫線。
※中層和下層荷葉邊用相同方法縫合
❻前後裙片正面相對縫合，並且燙開縫份。
0.3
後裙片（反面）
後裙片（反面）
0.5
前裙片（反面）
0.5
❼雙摺邊後縫線。
❽下層荷葉邊對齊裙片的接合位置抽出碎褶，並且縫上接合。
※中層荷葉邊用相同方法縫合
後裙片（正面）
後裙片（正面）
後面下層荷葉邊（正面）
0.5
前裙片（正面）
後面下層荷葉邊（反面）
前面下層荷葉邊（正面）

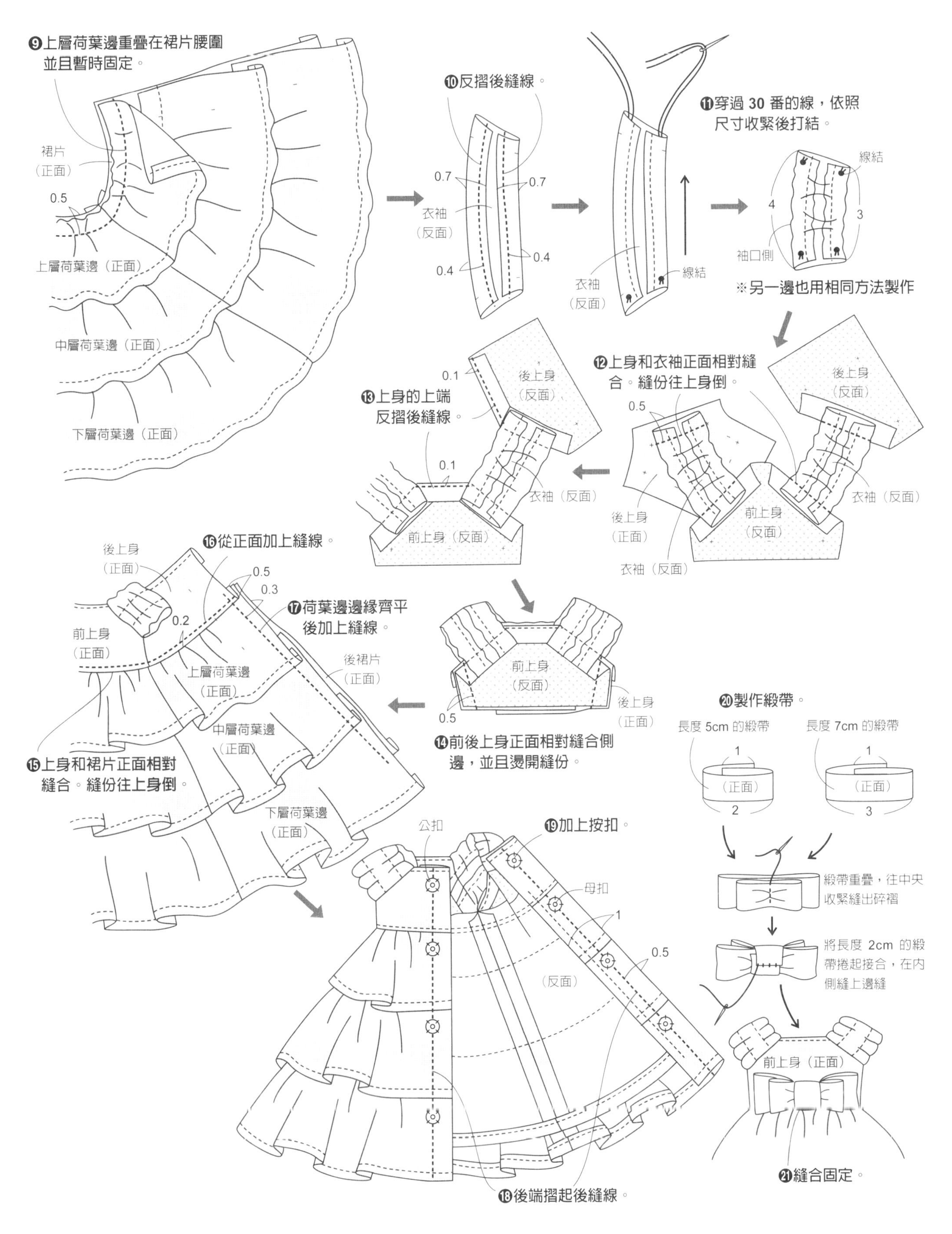
❾上層荷葉邊重疊在裙片腰圍並且暫時固定。
裙片（正面）
0.5
上層荷葉邊（正面）
中層荷葉邊（正面）
下層荷葉邊（正面）
❿反摺後縫線。
0.7
0.7
衣袖（反面）
0.4
0.4
⓫穿過30番的線，依照尺寸收緊後打結。
衣袖（反面）
線結
線結
4
3
袖口側
※另一邊也用相同方法製作
⓬上身和衣袖正面相對縫合。縫份往上身倒。
後上身（反面）
0.5
後上身（正面）
前上身（反面）
衣袖（反面）
衣袖（反面）
⓭上身的上端反摺後縫線。
0.1
後上身（反面）
0.1
衣袖（反面）
前上身（反面）
⓮前後上身正面相對縫合側邊，並且燙開縫份。
前上身（反面）
0.5
後上身（正面）
⓯上身和裙片正面相對縫合。縫份往上身倒。
⓰從正面加上縫線。
後上身（正面）
0.5
0.3
0.2
前上身（正面）
⓱荷葉邊邊緣齊平後加上縫線。
後裙片（正面）
上層荷葉邊（正面）
中層荷葉邊（正面）
下層荷葉邊（正面）
⓳加上按扣。
公扣
母扣
1
0.5
（反面）
⓲後端摺起後縫線。
⓴製作緞帶。
長度5cm的緞帶
長度7cm的緞帶
1
（正面）
2
1
（正面）
3
緞帶重疊，往中央收緊縫出碎褶
將長度2cm的緞帶捲起接合，在內側縫上邊縫
前上身（正面）
㉑縫合固定。

面紗

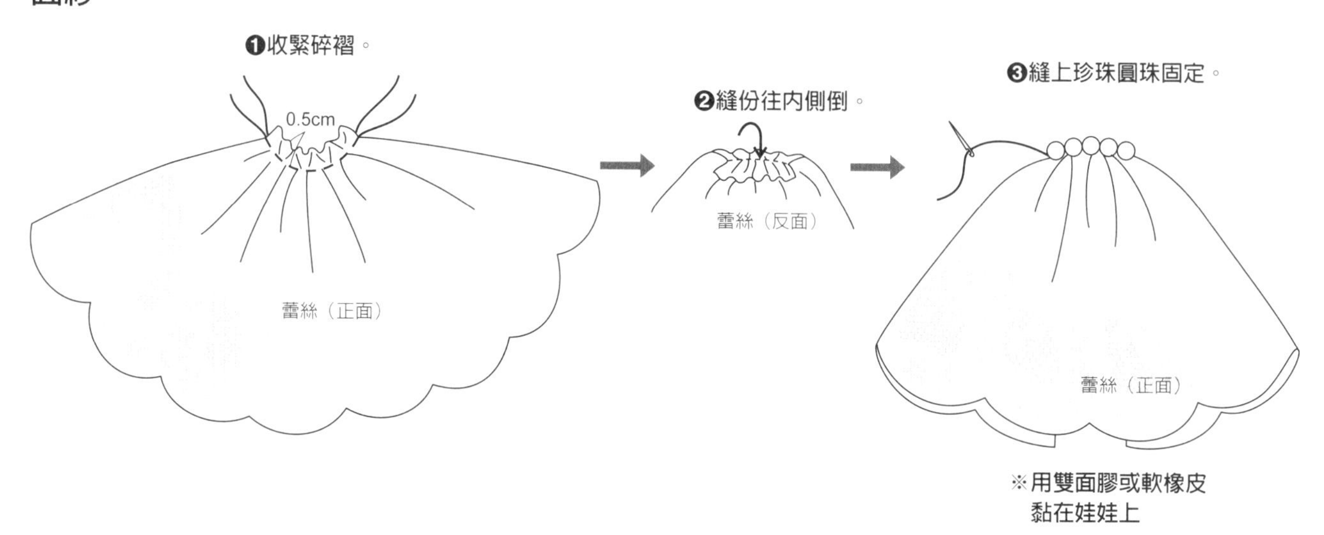
❶收緊碎褶。
0.5cm
蕾絲（正面）
❷縫份往內側倒。
蕾絲（反面）
❸縫上珍珠圓珠固定。
蕾絲（正面）

※用雙面膠或軟橡皮黏在娃娃上

實物大紙型影印裁切後即可使用

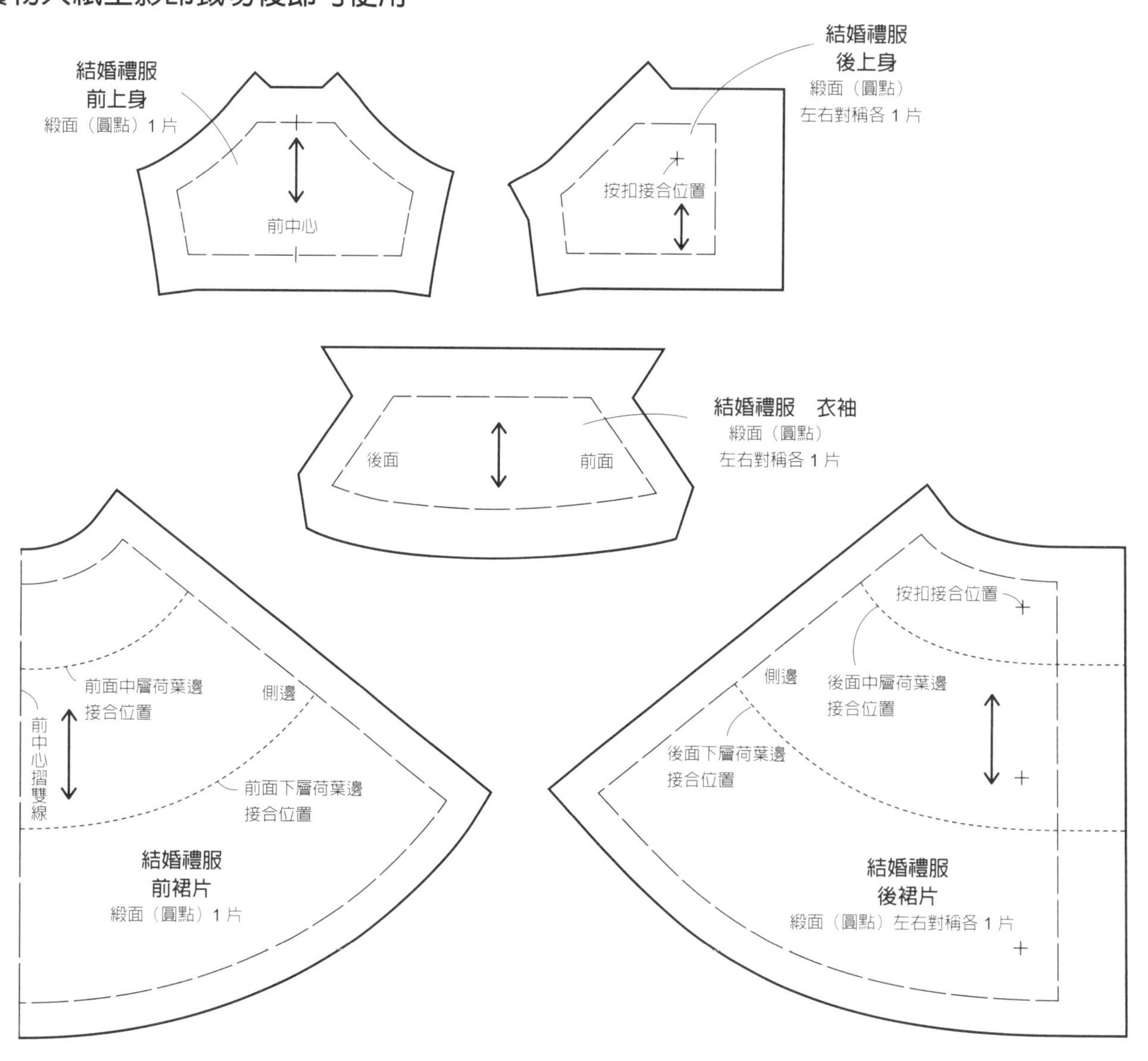
結婚禮服
前上身
緞面（圓點）1片
前中心
結婚禮服
後上身
緞面（圓點）
左右對稱各1片
按扣接合位置
結婚禮服　衣袖
緞面（圓點）
左右對稱各1片
後面
前面
前面中層荷葉邊
接合位置
側邊
前中心摺雙線
前面下層荷葉邊
接合位置
結婚禮服
前裙片
緞面（圓點）1片
按扣接合位置
側邊
後面中層荷葉邊
接合位置
後面下層荷葉邊
接合位置
結婚禮服
後裙片
緞面（圓點）左右對稱各1片

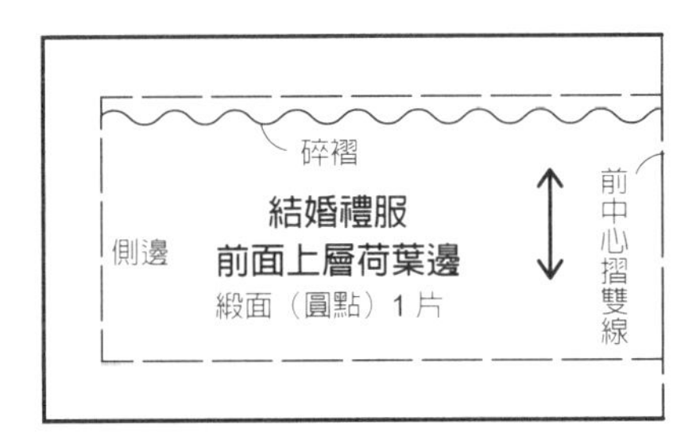
碎褶
結婚禮服
前面上層荷葉邊
緞面（圓點）1 片
側邊
前中心摺雙線

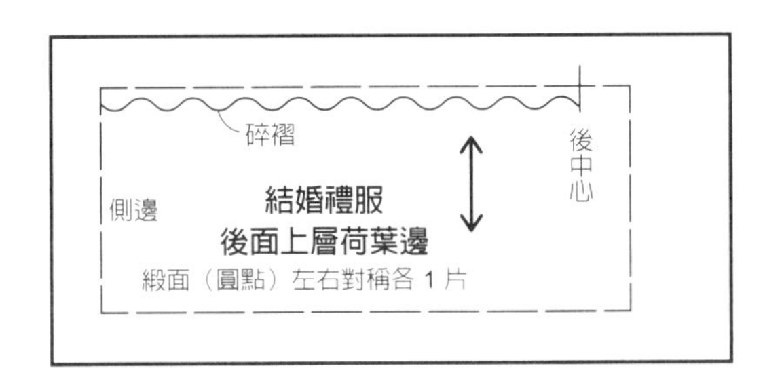
碎褶
結婚禮服
後面上層荷葉邊
緞面（圓點）左右對稱各 1 片
側邊
後中心

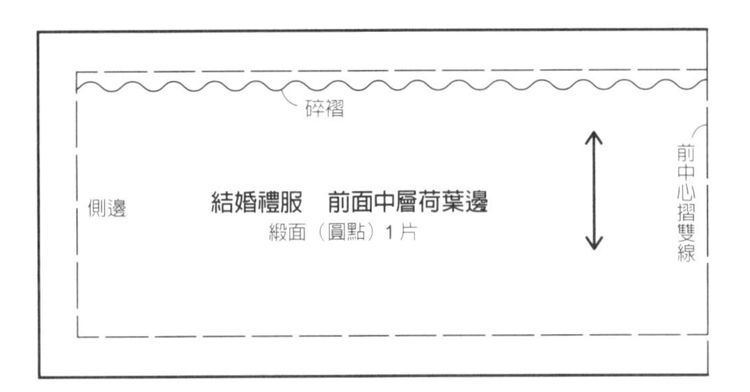
碎褶
結婚禮服　前面中層荷葉邊
緞面（圓點）1 片
側邊
前中心摺雙線

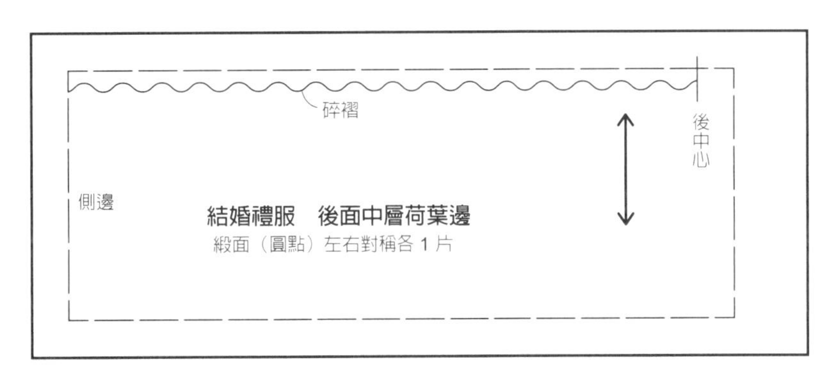
碎褶
結婚禮服　後面中層荷葉邊
緞面（圓點）左右對稱各 1 片
側邊
後中心

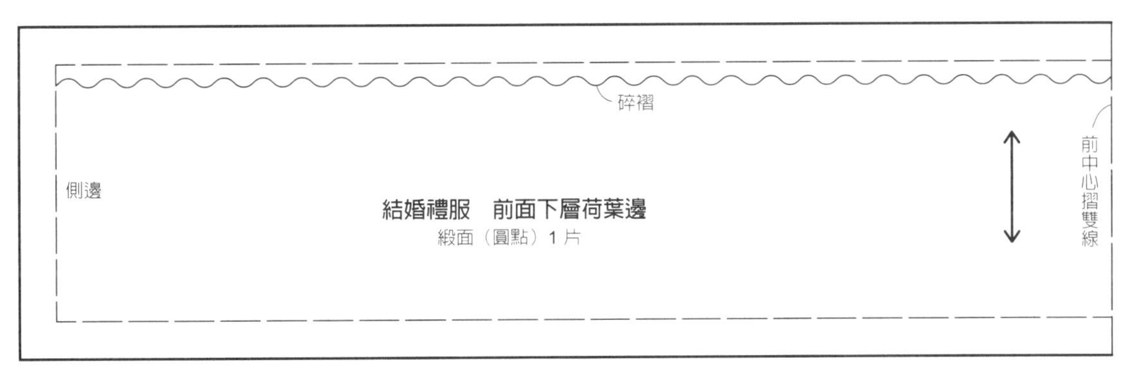
碎褶
結婚禮服　前面下層荷葉邊
緞面（圓點）1 片
側邊
前中心摺雙線

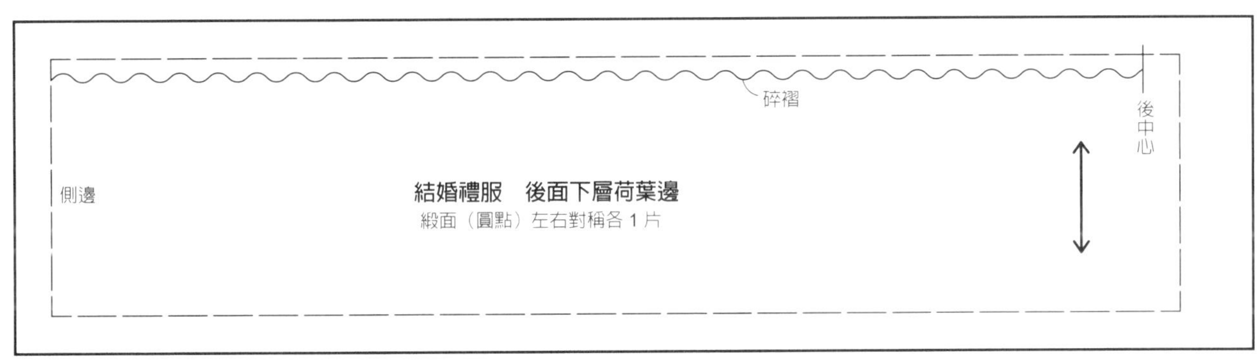
碎褶
結婚禮服　後面下層荷葉邊
緞面（圓點）左右對稱各 1 片
側邊
後中心

無尾晚宴服 ›› P.8

實物大紙型 ›› P.47

材料

〈西裝褲〉
斜紋織布（黑色）：20x10cm
直徑 0.4cm 按扣：1 組

〈西裝外套〉
斜紋織布（黑色）：35x10cm
緞面（黑色）：20x6cm
緞面（白色）：4x4cm
直徑 0.4cm 按扣：2 組
直徑 0.4cm 鈕扣：3 顆

〈立領襯衫〉
細平布（白色）：30x8cm
0.6cm 寬沙丁緞帶（黑色）：8cm
小圓珠：5 顆
直徑 0.4cm 按扣：3 組

西裝褲

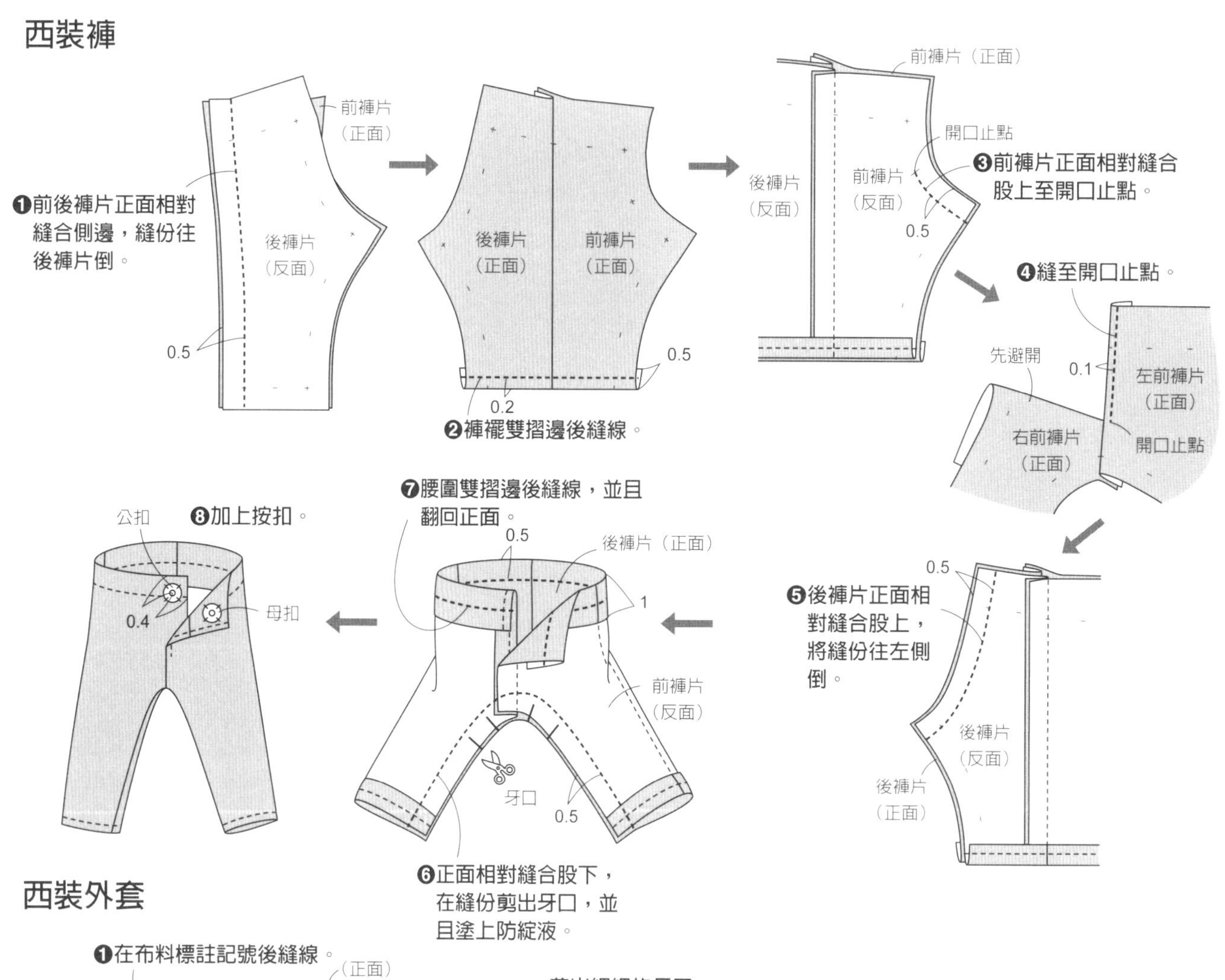
前褲片
（正面）
❶前後褲片正面相對縫合側邊，縫份往後褲片倒。
後褲片
（反面）
0.5
後褲片
（正面）
前褲片
（正面）
0.5
0.2
❷褲襬雙摺邊後縫線。
前褲片（正面）
開口止點
❸前褲片正面相對縫合股上至開口止點。
後褲片
（反面）
前褲片
（反面）
0.5
❹縫至開口止點。
先避開
0.1
左前褲片
（正面）
右前褲片
（正面）
開口止點
❼腰圍雙摺邊後縫線，並且翻回正面。
0.5
後褲片（正面）
1
公扣
❽加上按扣。
0.4
母扣
前褲片
（反面）
牙口
0.5
❻正面相對縫合股下，在縫份剪出牙口，並且塗上防綻液。
0.5
❺後褲片正面相對縫合股上，將縫份往左側倒。
後褲片
（反面）
後褲片
（正面）

西裝外套

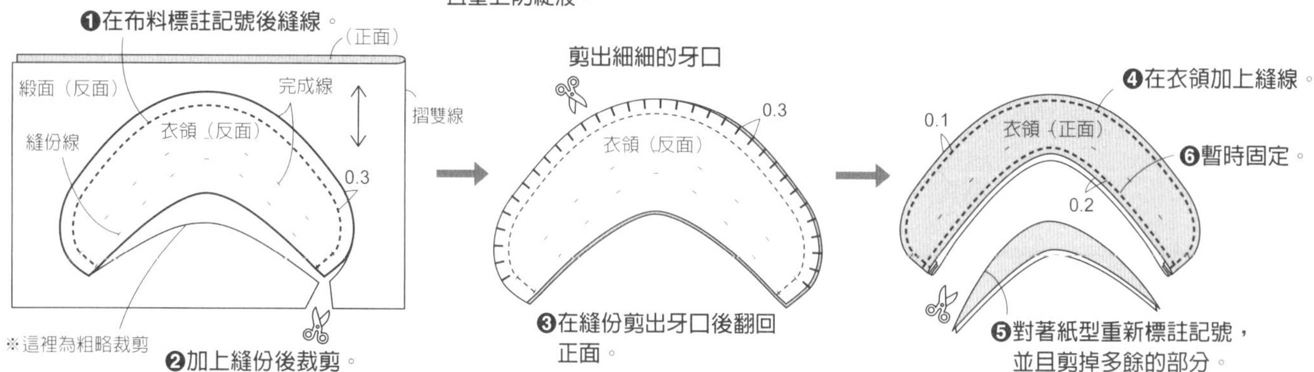
❶在布料標註記號後縫線。
（正面）
緞面（反面）
完成線
摺雙線
縫份線
衣領（反面）
0.3
※這裡為粗略裁剪
❷加上縫份後裁剪。
剪出細細的牙口
0.3
衣領（反面）
❸在縫份剪出牙口後翻回正面。
❹在衣領加上縫線。
0.1
衣領（正面）
❻暫時固定。
0.2
❺對著紙型重新標註記號，並且剪掉多餘的部分。

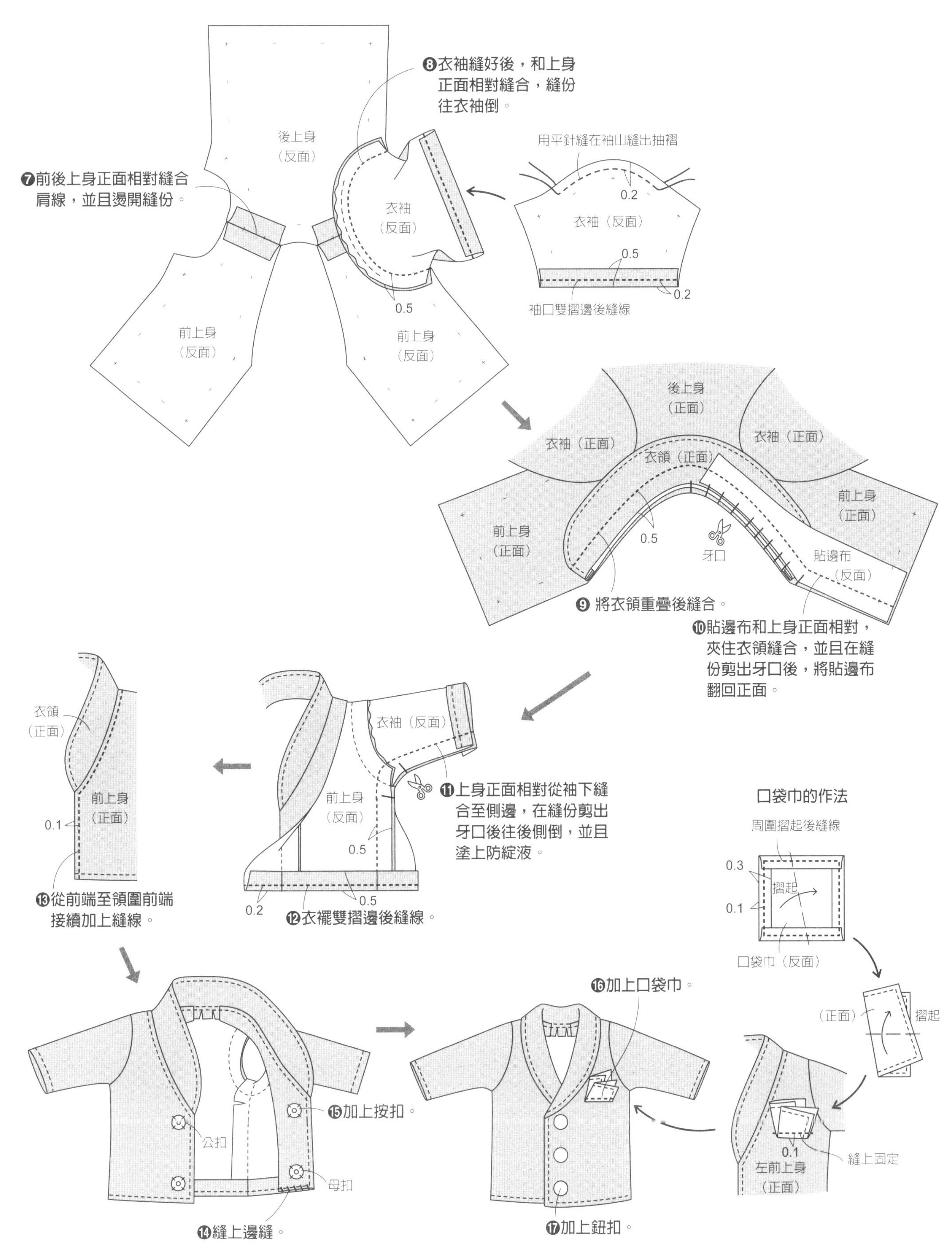
❽衣袖縫好後，和上身
正面相對縫合，縫份
往衣袖倒。
後上身
（反面）
❼前後上身正面相對縫合
肩線，並且燙開縫份。
衣袖
（反面）
用平針縫在袖山縫出抽褶
0.2
衣袖（反面）
0.5
0.2
袖口雙摺邊後縫線
0.5
前上身
（反面）
前上身
（反面）
後上身
（正面）
衣袖（正面）
衣袖（正面）
衣領（正面）
前上身
（正面）
前上身
（正面）
0.5
牙口
貼邊布
（反面）
❾ 將衣領重疊後縫合。
❿貼邊布和上身正面相對，
夾住衣領縫合，並且在縫
份剪出牙口後，將貼邊布
翻回正面。
衣領
（正面）
前上身
（正面）
0.1
⓭從前端至領圍前端
接續加上縫線。
衣袖（反面）
前上身
（反面）
0.5
0.2
0.5
⓬衣襬雙摺邊後縫線。
⓫上身正面相對從袖下縫
合至側邊，在縫份剪出
牙口後往後側倒，並且
塗上防綻液。
口袋巾的作法
周圍摺起後縫線
0.3
0.1
摺起
口袋巾（反面）
（正面）
摺起
⓯加上按扣。
公扣
母扣
⓮縫上邊縫。
⓰加上口袋巾。
⓱加上鈕扣。
0.1
縫上固定
左前上身
（正面）

立領襯衫

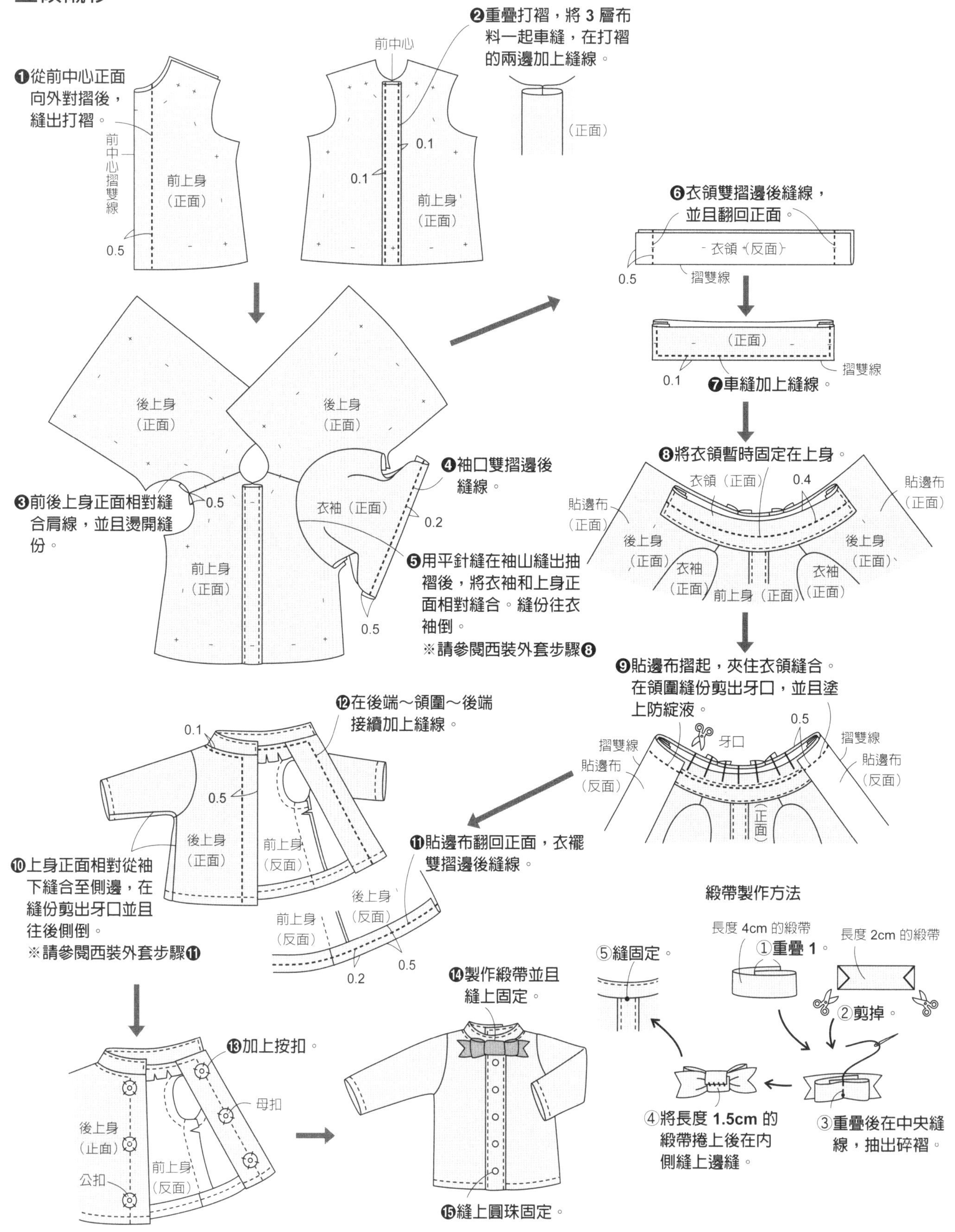

❶從前中心正面向外對摺後，縫出打摺。
前中心摺雙線
前上身（正面）
0.5
前中心
❷重疊打褶，將3層布料一起車縫，在打褶的兩邊加上縫線。
（正面）
0.1
0.1
前上身（正面）
後上身（正面）
後上身（正面）
❸前後上身正面相對縫合肩線，並且燙開縫份。
0.5
前上身（正面）
衣袖（正面）
❹袖口雙摺邊後縫線。
0.2
❺用平針縫在袖山縫出抽褶後，將衣袖和上身正面相對縫合。縫份往衣袖倒。
※請參閱西裝外套步驟❽
0.5
❻衣領雙摺邊後縫線，並且翻回正面。
衣領（反面）
0.5
摺雙線
（正面）
0.1
摺雙線
❼車縫加上縫線。
❽將衣領暫時固定在上身。
衣領（正面）
0.4
貼邊布（正面）
貼邊布（正面）
後上身（正面）
後上身（正面）
衣袖（正面）
衣袖（正面）
前上身（正面）
❾貼邊布摺起，夾住衣領縫合。在領圍縫份剪出牙口，並且塗上防綻液。
0.5
摺雙線
牙口
摺雙線
貼邊布（反面）
貼邊布（反面）
（正面）
⓬在後端～領圍～後端接續加上縫線。
0.1
0.5
後上身（正面）
前上身（反面）
⓫貼邊布翻回正面，衣襬雙摺邊後縫線。
❿上身正面相對從袖下縫合至側邊，在縫份剪出牙口並且往後側倒。
※請參閱西裝外套步驟⓫
後上身（反面）
前上身（反面）
0.5
0.2
緞帶製作方法
長度4cm的緞帶
長度2cm的緞帶
①重疊1。
②剪掉。
⑤縫固定。
③重疊後在中央縫線，抽出碎褶。
④將長度1.5cm的緞帶捲上後在內側縫上邊縫。
⓭加上按扣。
母扣
後上身（正面）
公扣
前上身（反面）
⓮製作緞帶並且縫上固定。
⓯縫上圓珠固定。

實物大紙型影印裁切後即可使用

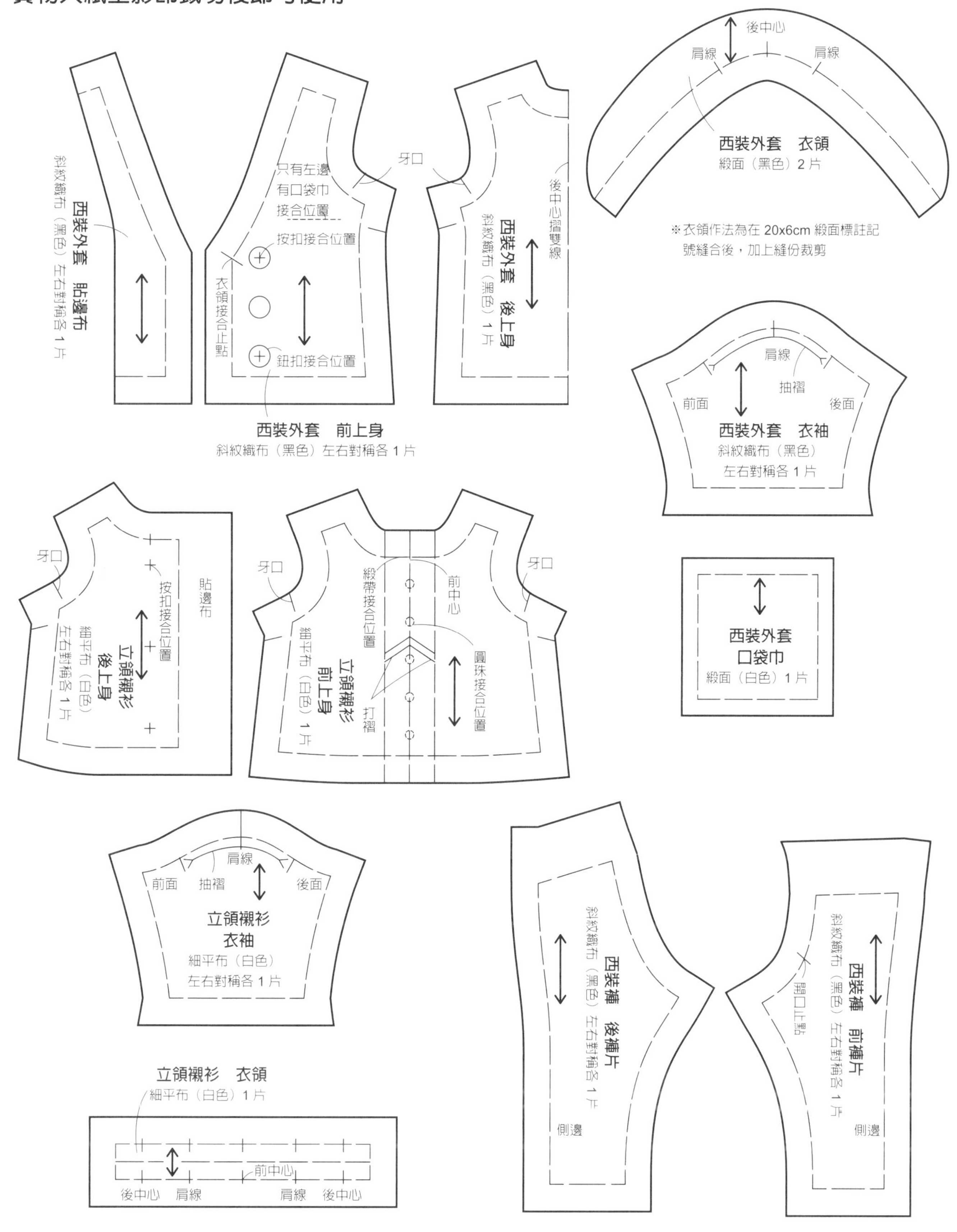

西裝外套 貼邊布
斜紋織布（黑色）左右對稱各 1 片
只有左邊有口袋巾接合位置
按扣接合位置
衣領接合止點
鈕扣接合位置
牙口
後中心摺雙線
西裝外套 後上身
斜紋織布（黑色）1 片
西裝外套 前上身
斜紋織布（黑色）左右對稱各 1 片
後中心
肩線
西裝外套 衣領
緞面（黑色）2 片
※衣領作法為在 20x6cm 緞面標註記號縫合後，加上縫份裁剪
肩線
抽褶
前面
後面
西裝外套 衣袖
斜紋織布（黑色）
左右對稱各 1 片
牙口
按扣接合位置
貼邊布
立領襯衫 後上身
細平布（白色）
左右對稱各 1 片
緞帶接合位置
前中心
圓珠接合位置
打褶
立領襯衫 前上身
細平布（白色）1 片
西裝外套
口袋巾
緞面（白色）1 片
肩線
前面
抽褶
後面
立領襯衫
衣袖
細平布（白色）
左右對稱各 1 片
立領襯衫 衣領
細平布（白色）1 片
前中心
後中心
肩線
肩線
後中心
西裝褲 後褲片
斜紋織布（黑色）左右對稱各 1 片
側邊
開口止點
西裝褲 前褲片
斜紋織布（黑色）左右對稱各 1 片
側邊

褲裝 » P.10

實物大紙型 » P.52

材料

〈貝蕾帽〉
細平布（薄荷綠）：15x12cm
細布（薄荷綠）：15x12cm
〈水手服〉
細平布（白色）：20x13cm
細平布（薄荷綠）：12x8cm
0.4cm 寬沙丁緞帶（薄荷綠）：17cm
0.2cm 寬沙丁緞帶（白色）：20cm
背膠型超薄魔鬼氈：0.5x3cm
〈南瓜褲〉
細平布（薄荷綠）：15x10cm
背膠型超薄魔鬼氈：0.4x1cm
〈襪子〉
天竺棉（白色）：8x5cm

貝蕾帽

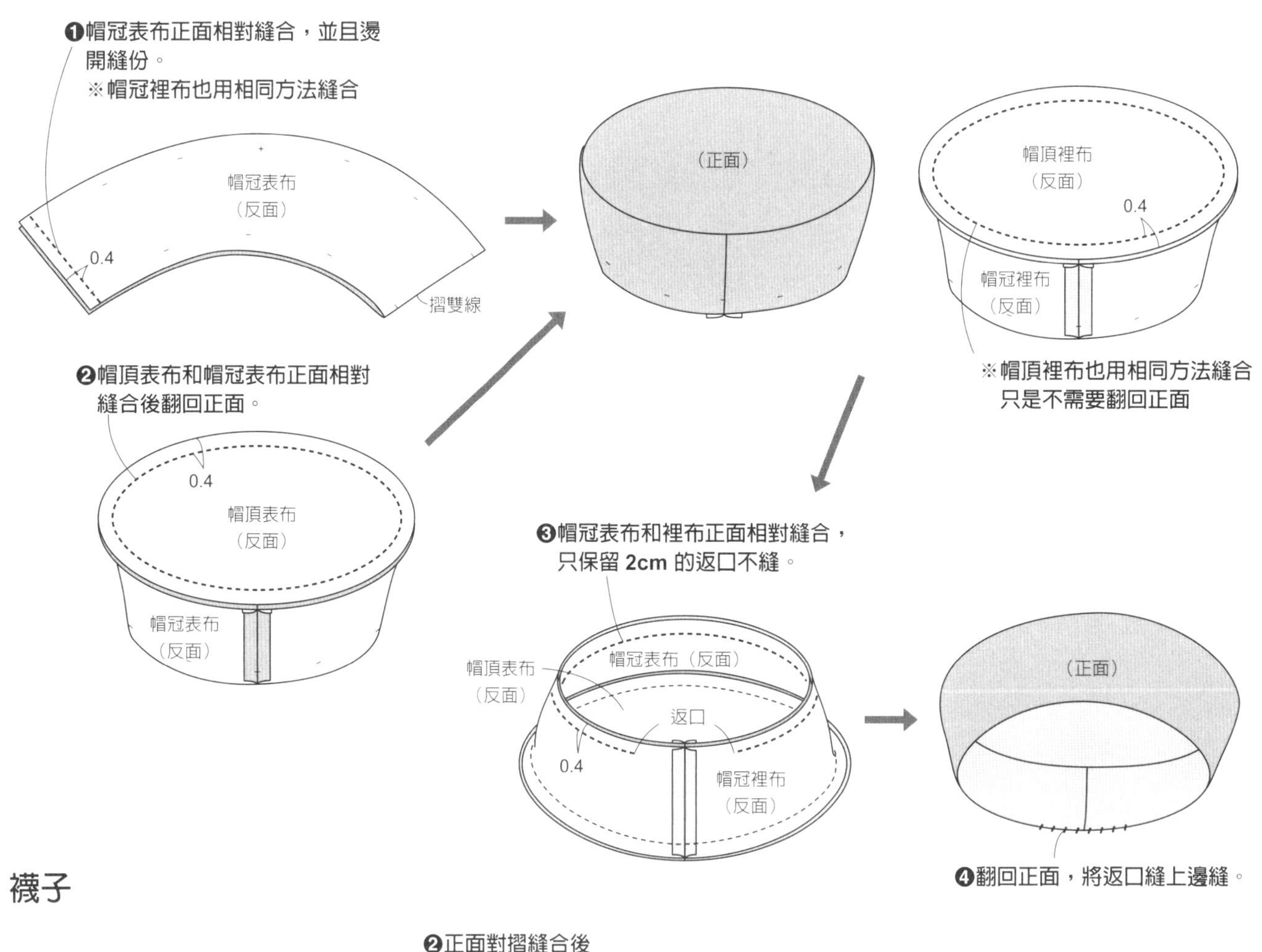
❶帽冠表布正面相對縫合，並且燙開縫份。
※帽冠裡布也用相同方法縫合
帽冠表布
（反面）
0.4
摺雙線
（正面）
帽頂裡布
（反面）
0.4
帽冠裡布
（反面）
※帽頂裡布也用相同方法縫合
只是不需要翻回正面
❷帽頂表布和帽冠表布正面相對縫合後翻回正面。
0.4
帽頂表布
（反面）
帽冠表布
（反面）
❸帽冠表布和裡布正面相對縫合，只保留 2cm 的返口不縫。
帽頂表布
（反面）
帽冠表布（反面）
返口
0.4
帽冠裡布
（反面）
（正面）
❹翻回正面，將返口縫上邊縫。

襪子

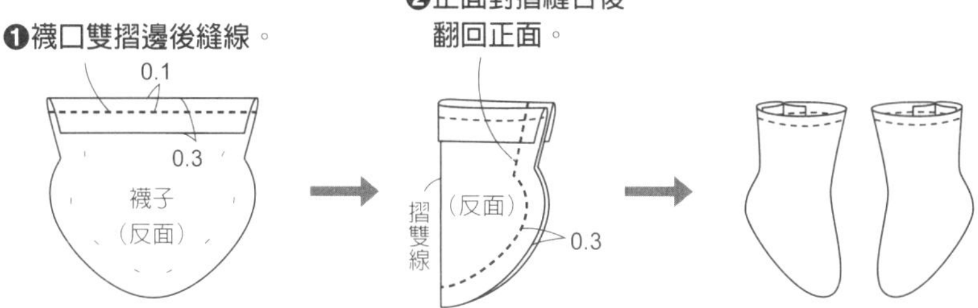
❶襪口雙摺邊後縫線。
0.1
0.3
襪子
（反面）
❷正面對摺縫合後翻回正面。
（反面）
摺雙線
0.3

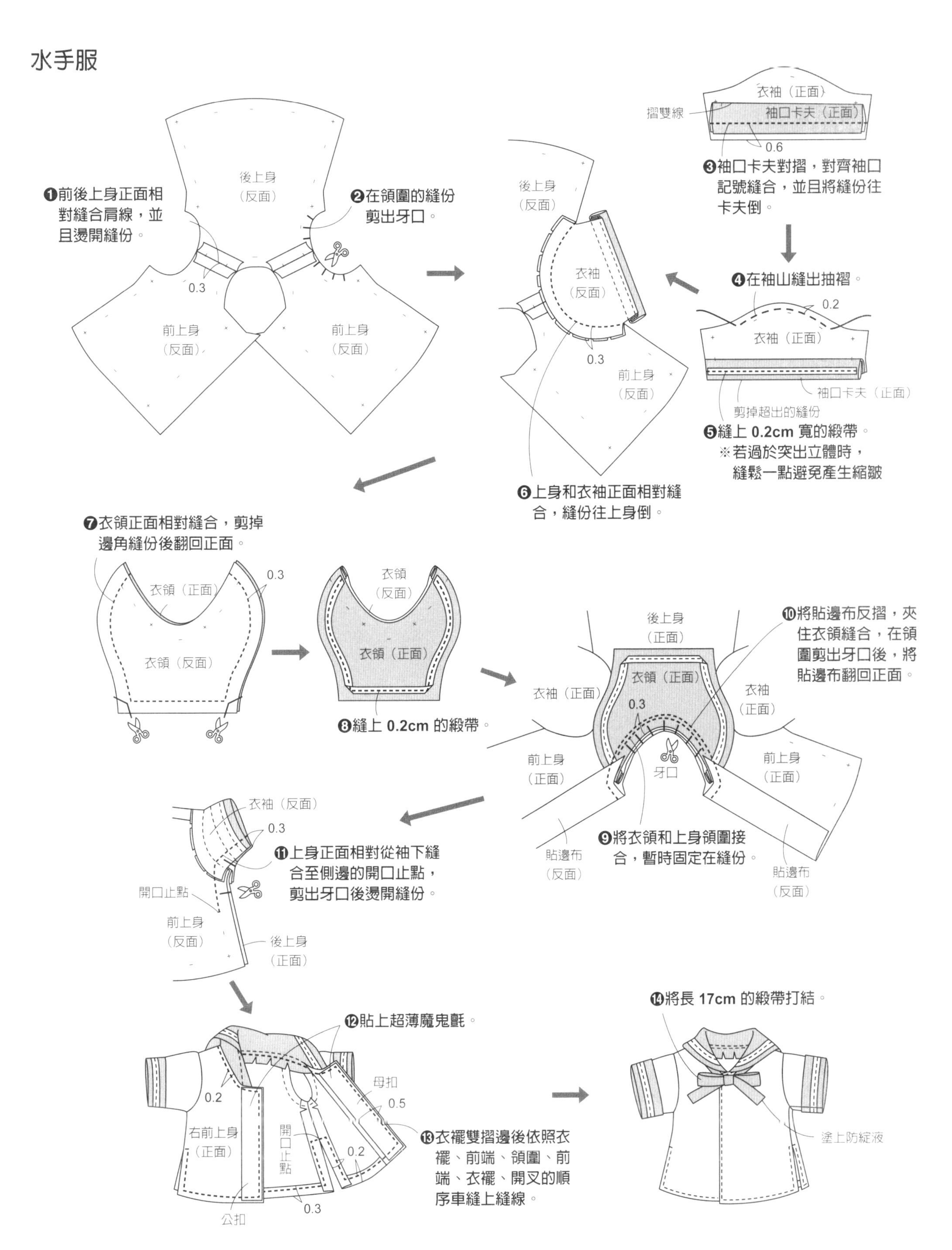
水手服
後上身
（反面）
❶前後上身正面相對縫合肩線，並且燙開縫份。
❷在領圍的縫份剪出牙口。
0.3
前上身
（反面）
前上身
（反面）
衣袖（正面）
摺雙線
袖口卡夫（正面）
0.6
❸袖口卡夫對摺，對齊袖口記號縫合，並且將縫份往卡夫倒。
後上身
（反面）
衣袖
（反面）
0.3
前上身
（反面）
❹在袖山縫出抽褶。
0.2
衣袖（正面）
袖口卡夫（正面）
剪掉超出的縫份
❺縫上 0.2cm 寬的緞帶。
※若過於突出立體時，縫鬆一點避免產生縮皺
❻上身和衣袖正面相對縫合，縫份往上身倒。
❼衣領正面相對縫合，剪掉邊角縫份後翻回正面。
衣領（正面）
0.3
衣領（反面）
衣領
（反面）
衣領（正面）
❽縫上 0.2cm 的緞帶。
後上身
（正面）
❿將貼邊布反摺，夾住衣領縫合，在領圍剪出牙口後，將貼邊布翻回正面。
衣領（正面）
衣袖（正面）
衣袖
（正面）
0.3
前上身
（正面）
牙口
前上身
（正面）
❾將衣領和上身領圍接合，暫時固定在縫份。
貼邊布
（反面）
貼邊布
（反面）
衣袖（反面）
0.3
⓫上身正面相對從袖下縫合至側邊的開口止點，剪出牙口後燙開縫份。
開口止點
前上身
（反面）
後上身
（正面）
⓬貼上超薄魔鬼氈。
母扣
0.5
0.2
右前上身
（正面）
開口止點
0.2
0.3
公扣
⓭衣襬雙摺邊後依照衣襬、前端、領圍、前端、衣襬、開叉的順序車縫上縫線。
⓮將長 17cm 的緞帶打結。
塗上防綻液

南瓜褲

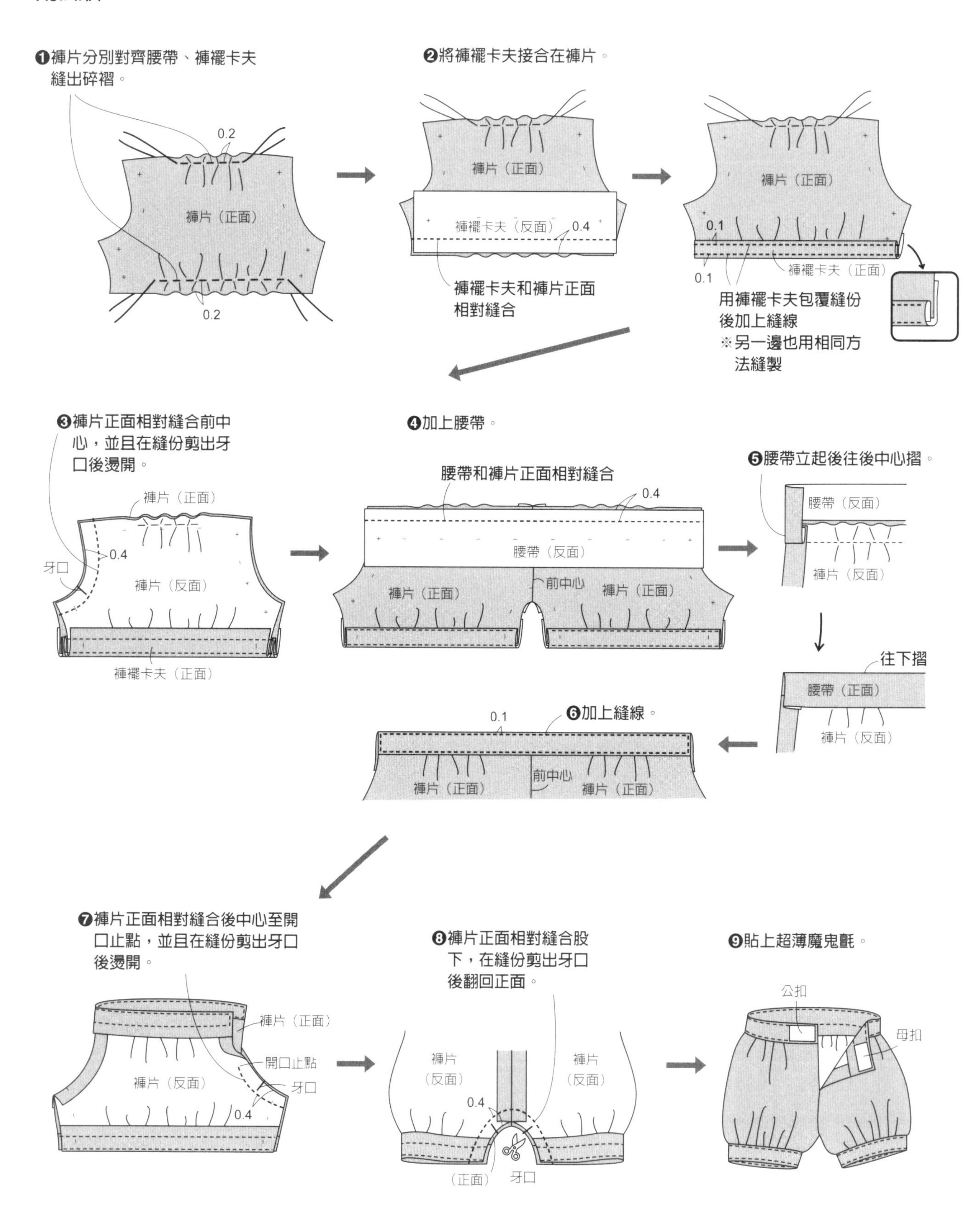

❶褲片分別對齊腰帶、褲襬卡夫縫出碎褶。
0.2
褲片（正面）
0.2
❷將褲襬卡夫接合在褲片。
褲片（正面）
褲襬卡夫（反面）
0.4
褲襬卡夫和褲片正面相對縫合
褲片（正面）
0.1
0.1
褲襬卡夫（正面）
用褲襬卡夫包覆縫份後加上縫線
※另一邊也用相同方法縫製
❸褲片正面相對縫合前中心，並且在縫份剪出牙口後燙開。
褲片（正面）
0.4
牙口
褲片（反面）
褲襬卡夫（正面）
❹加上腰帶。
腰帶和褲片正面相對縫合
0.4
腰帶（反面）
前中心
褲片（正面）
褲片（正面）
❺腰帶立起後往後中心摺。
腰帶（反面）
褲片（反面）
往下摺
腰帶（正面）
褲片（反面）
0.1
❻加上縫線。
前中心
褲片（正面）
褲片（正面）
❼褲片正面相對縫合後中心至開口止點，並且在縫份剪出牙口後燙開。
褲片（正面）
開口止點
褲片（反面）
牙口
0.4
❽褲片正面相對縫合股下，在縫份剪出牙口後翻回正面。
褲片（反面）
褲片（反面）
0.4
（正面）
牙口
❾貼上超薄魔鬼氈。
公扣
母扣

裙裝 ›› P. 10

實物大紙型 ›› P.52,53

材料

〈貝蕾帽〉
細平布（白色）：15x12cm
細布（白色）：15x12cm

〈水手服〉
細平布（薄荷綠）：20x13cm
細平布（白色）：12x8cm
0.4cm 寬沙丁緞帶（白色）：17cm
0.2cm 寬沙丁緞帶（薄荷綠）：20cm
背膠型超薄魔鬼氈：0.5x3cm

〈傘狀裙〉
細平布（白色）：15x17cm
背膠型超薄魔鬼氈：0.4x1cm

貝蕾帽

※作法請參閱 P.48貝蕾帽

水手服

※作法請參閱 P.49水手服

傘狀裙

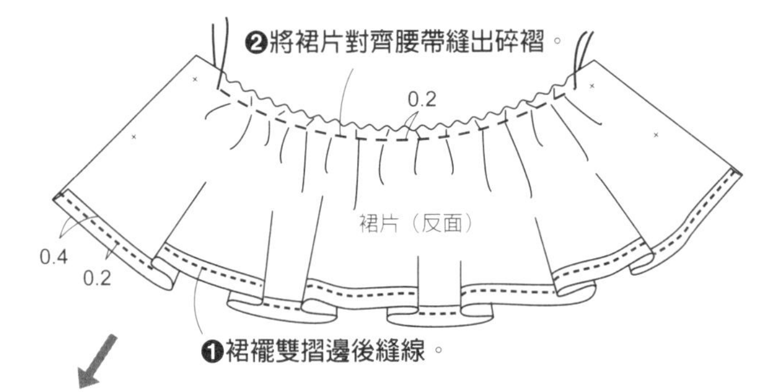
❷將裙片對齊腰帶縫出碎褶。
0.2
裙片（反面）
0.4
0.2
❶裙襬雙摺邊後縫線。

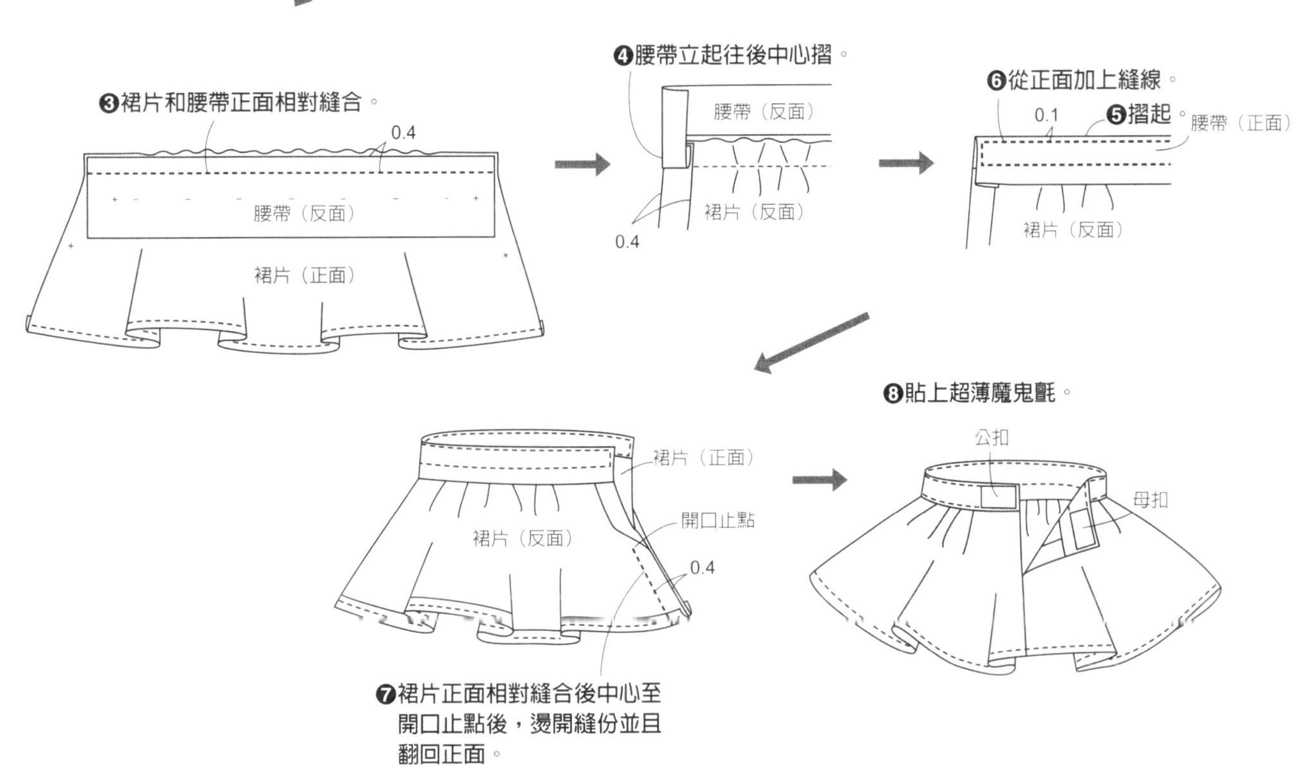
❸裙片和腰帶正面相對縫合。
0.4
腰帶（反面）
裙片（正面）
❹腰帶立起往後中心摺。
腰帶（反面）
裙片（反面）
0.4
❻從正面加上縫線。
0.1
❺摺起。
腰帶（正面）
裙片（反面）
❽貼上超薄魔鬼氈。
裙片（正面）
開口止點
裙片（反面）
0.4
公扣
母扣
❼裙片正面相對縫合後中心至
開口止點後，燙開縫份並且
翻回正面。

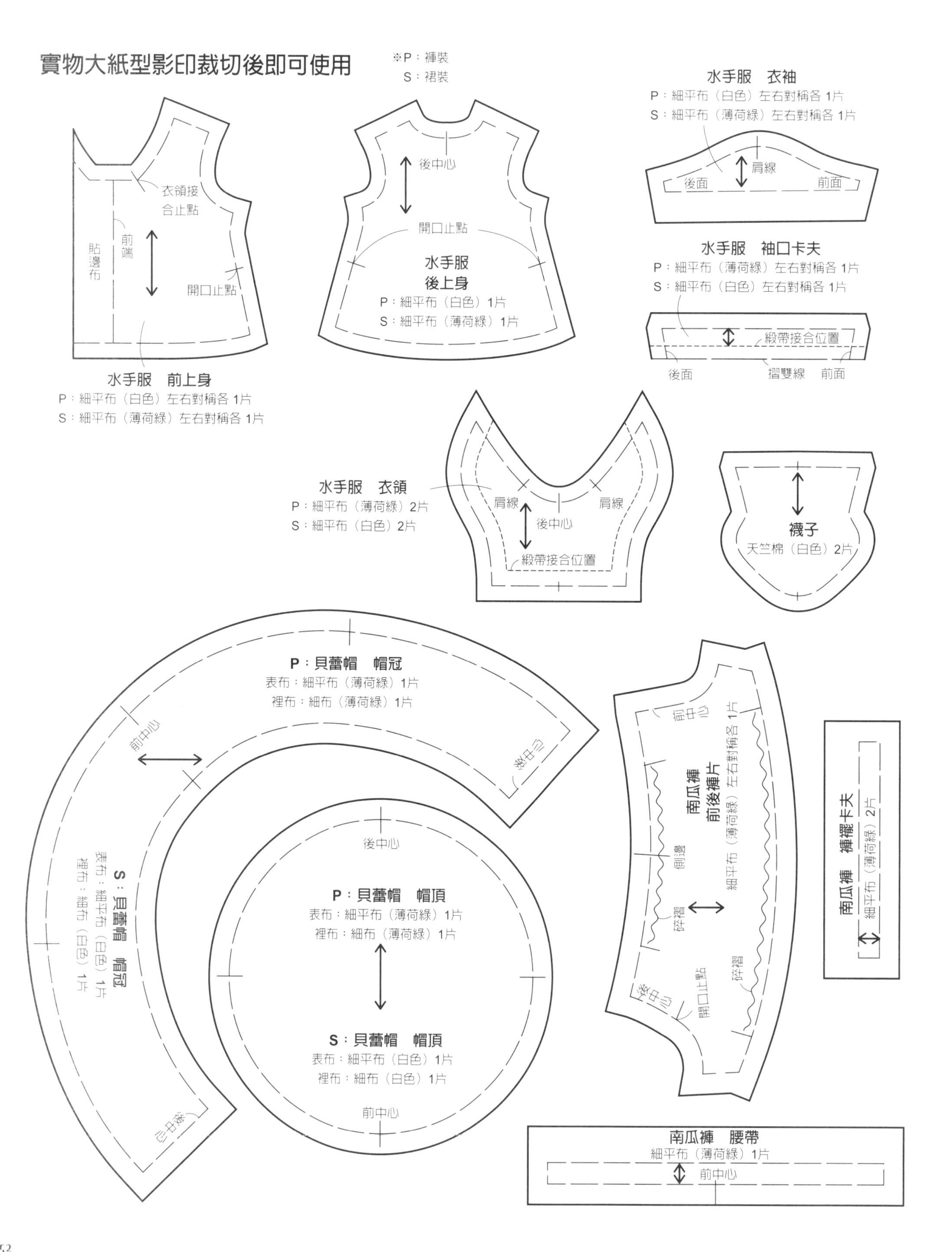
實物大紙型影印裁切後即可使用
※P：褲裝
S：裙裝
水手服　前上身
P：細平布（白色）左右對稱各 1片
S：細平布（薄荷綠）左右對稱各 1片
衣領接合止點
前端
貼邊布
開口止點
水手服
後上身
P：細平布（白色）1片
S：細平布（薄荷綠）1片
後中心
開口止點
水手服　衣袖
P：細平布（白色）左右對稱各 1片
S：細平布（薄荷綠）左右對稱各 1片
肩線
後面
前面
水手服　袖口卡夫
P：細平布（薄荷綠）左右對稱各 1片
S：細平布（白色）左右對稱各 1片
緞帶接合位置
後面
摺雙線
前面
水手服　衣領
P：細平布（薄荷綠）2片
S：細平布（白色）2片
肩線
肩線
後中心
緞帶接合位置
襪子
天竺棉（白色）2片
P：貝蕾帽　帽冠
表布：細平布（薄荷綠）1片
裡布：細布（薄荷綠）1片
前中心
後中心
S：貝蕾帽　帽冠
表布：細平布（白色）1片
裡布：細布（白色）1片
後中心
P：貝蕾帽　帽頂
表布：細平布（薄荷綠）1片
裡布：細布（薄荷綠）1片
S：貝蕾帽　帽頂
表布：細平布（白色）1片
裡布：細布（白色）1片
後中心
前中心
南瓜褲
前後褲片
細平布（薄荷綠）左右對稱各 1片
前中心
側邊
碎褶
碎褶
後中心
開口止點
南瓜褲　褲襬卡夫
細平布（薄荷綠）2片
南瓜褲　腰帶
細平布（薄荷綠）1片
前中心

實物大紙型影印裁切後即可使用

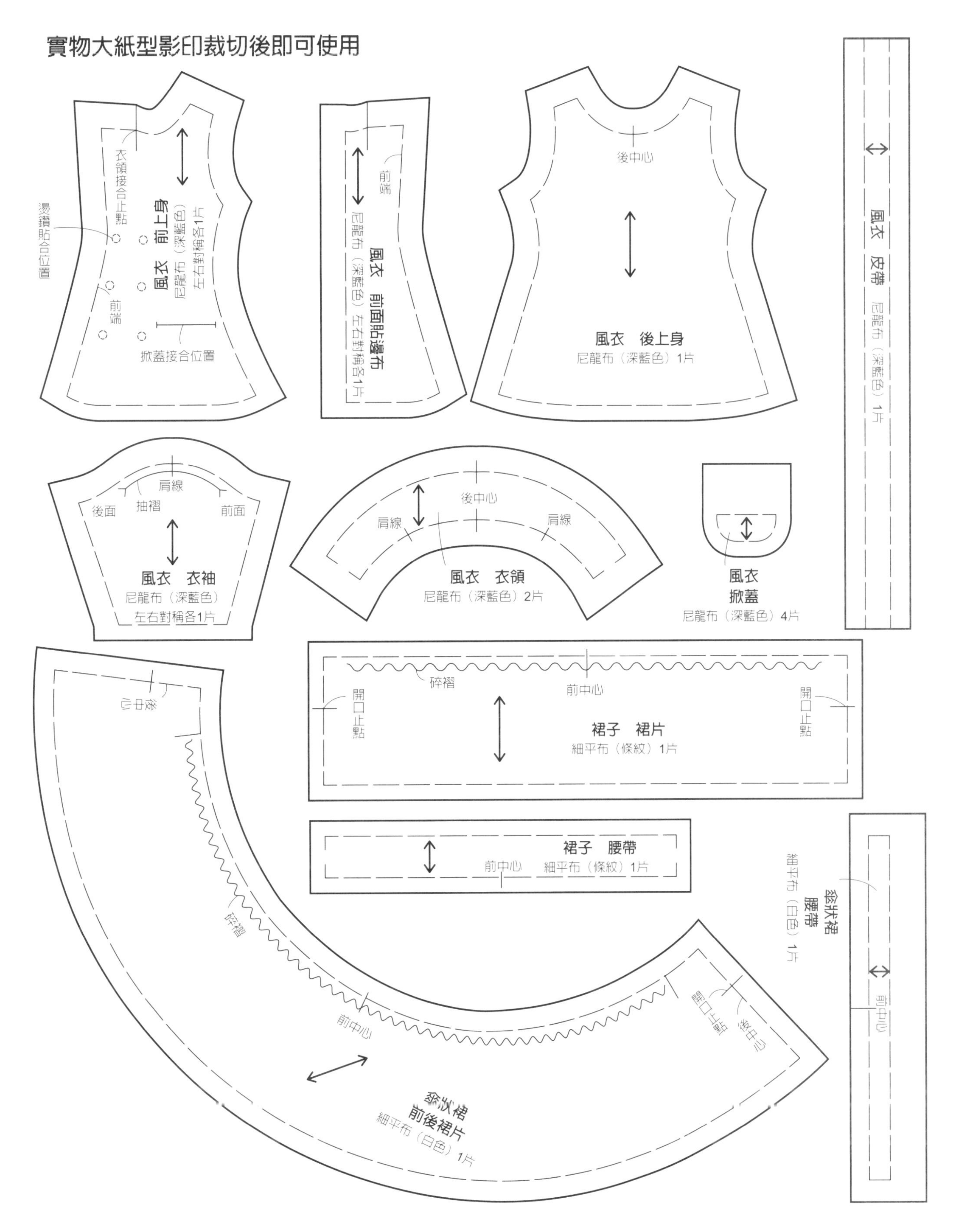

風衣 前上身
尼龍布（深藍色）
左右對稱各1片
衣領接合止點
燙鑽貼合位置
前端
掀蓋接合位置
風衣 前面貼邊布
尼龍布（深藍色）左右對稱各1片
前端
後中心
風衣 後上身
尼龍布（深藍色）1片
風衣 皮帶
尼龍布（深藍色）1片
肩線
抽褶
後面
前面
風衣 衣袖
尼龍布（深藍色）
左右對稱各1片
後中心
肩線
肩線
風衣 衣領
尼龍布（深藍色）2片
風衣
掀蓋
尼龍布（深藍色）4片
後中心
碎褶
前中心
開口止點
開口止點
裙子 裙片
細平布（條紋）1片
裙子 腰帶
前中心
細平布（條紋）1片
傘狀裙
腰帶
細平布（白色）1片
前中心
碎褶
前中心
開口止點
後中心
傘狀裙
前後裙片
細平布（白色）1片

雨衣 ›› P.12

實物大紙型 ›› P.55

材料

尼龍布（藍色）：45x12cm

直徑 0.4cm 鈕扣：4顆

直徑 0.4cm 按扣：2組

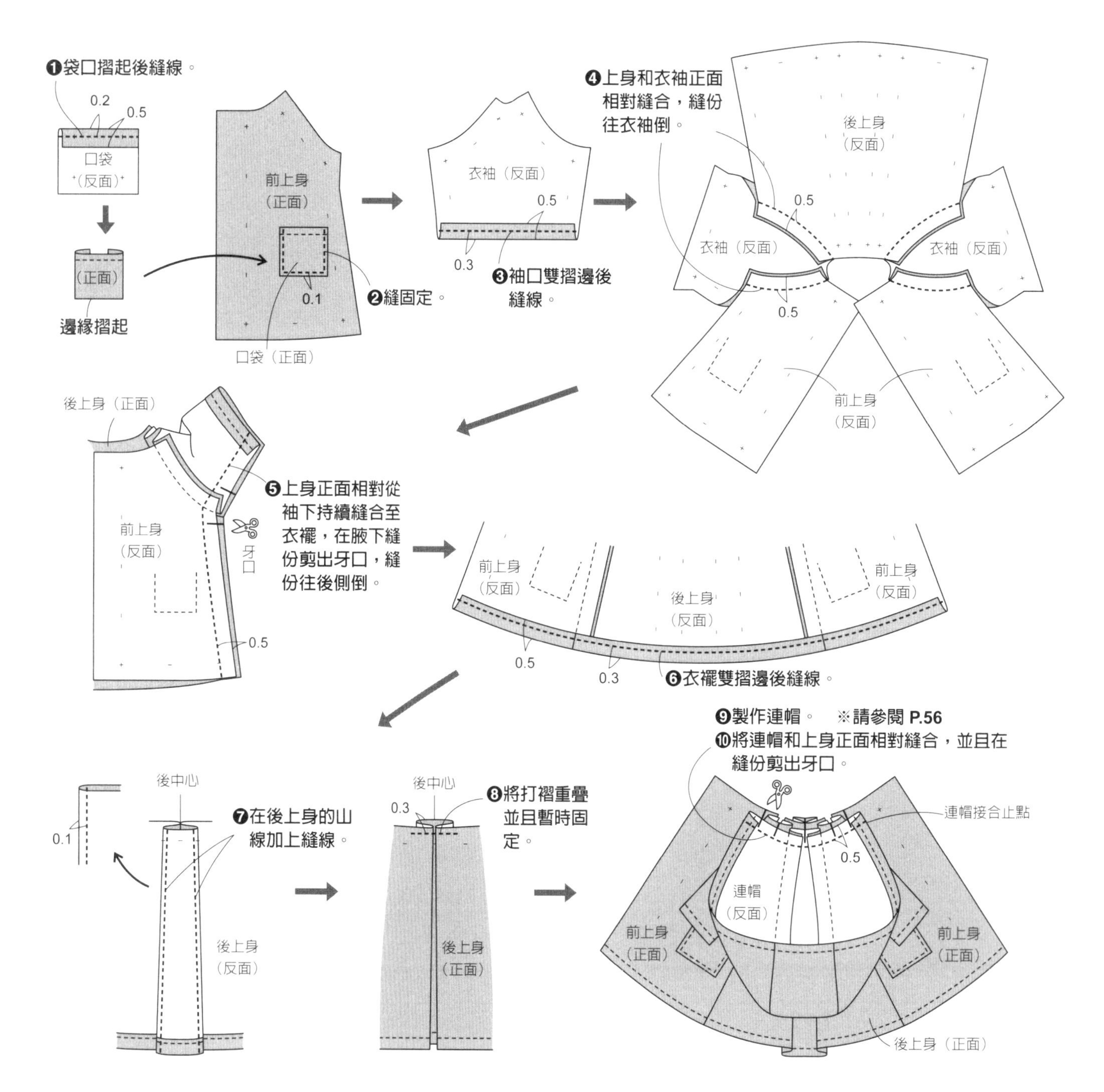

❶袋口摺起後縫線。
0.2
0.5
口袋
（反面）
（正面）
邊緣摺起
前上身
（正面）
0.1
口袋（正面）
❷縫固定。
衣袖（反面）
0.5
0.3
❸袖口雙摺邊後縫線。
❹上身和衣袖正面相對縫合，縫份往衣袖倒。
後上身
（反面）
0.5
衣袖（反面）
衣袖（反面）
0.5
前上身
（反面）
後上身（正面）
❺上身正面相對從袖下持續縫合至衣襬，在腋下縫份剪出牙口，縫份往後側倒。
牙口
前上身
（反面）
0.5
前上身
（反面）
後上身
（反面）
前上身
（反面）
0.5
0.3
❻衣襬雙摺邊後縫線。
後中心
0.1
❼在後上身的山線加上縫線。
後上身
（反面）
後中心
0.3
❽將打褶重疊並且暫時固定。
後上身
（正面）
❾製作連帽。 ※請參閱 P.56
❿將連帽和上身正面相對縫合，並且在縫份剪出牙口。
連帽接合止點
0.5
連帽
（反面）
前上身
（正面）
前上身
（正面）
後上身（正面）

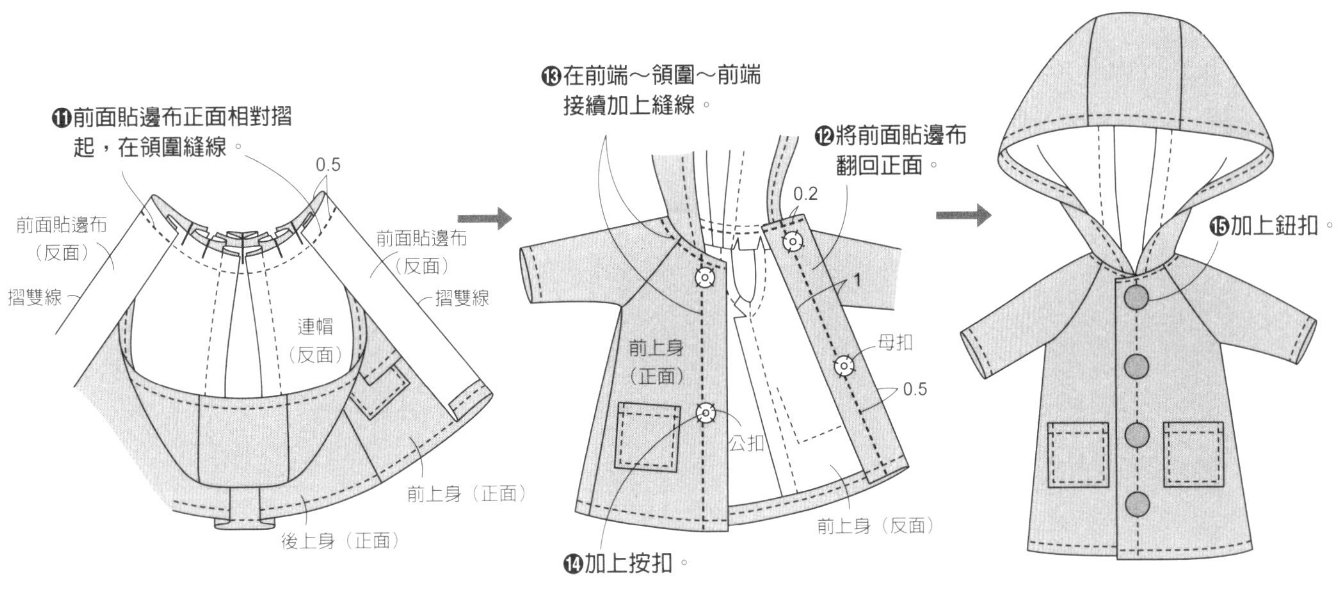

⑪前面貼邊布正面相對摺起，在領圍縫線。
0.5
前面貼邊布（反面）
前面貼邊布（反面）
摺雙線
摺雙線
連帽（反面）
前上身（正面）
後上身（正面）
⑬在前端～領圍～前端接續加上縫線。
⑫將前面貼邊布翻回正面。
0.2
1
母扣
0.5
前上身（正面）
公扣
前上身（反面）
⑭加上按扣。
⑮加上鈕扣。

實物大紙型影印裁切後即可使用

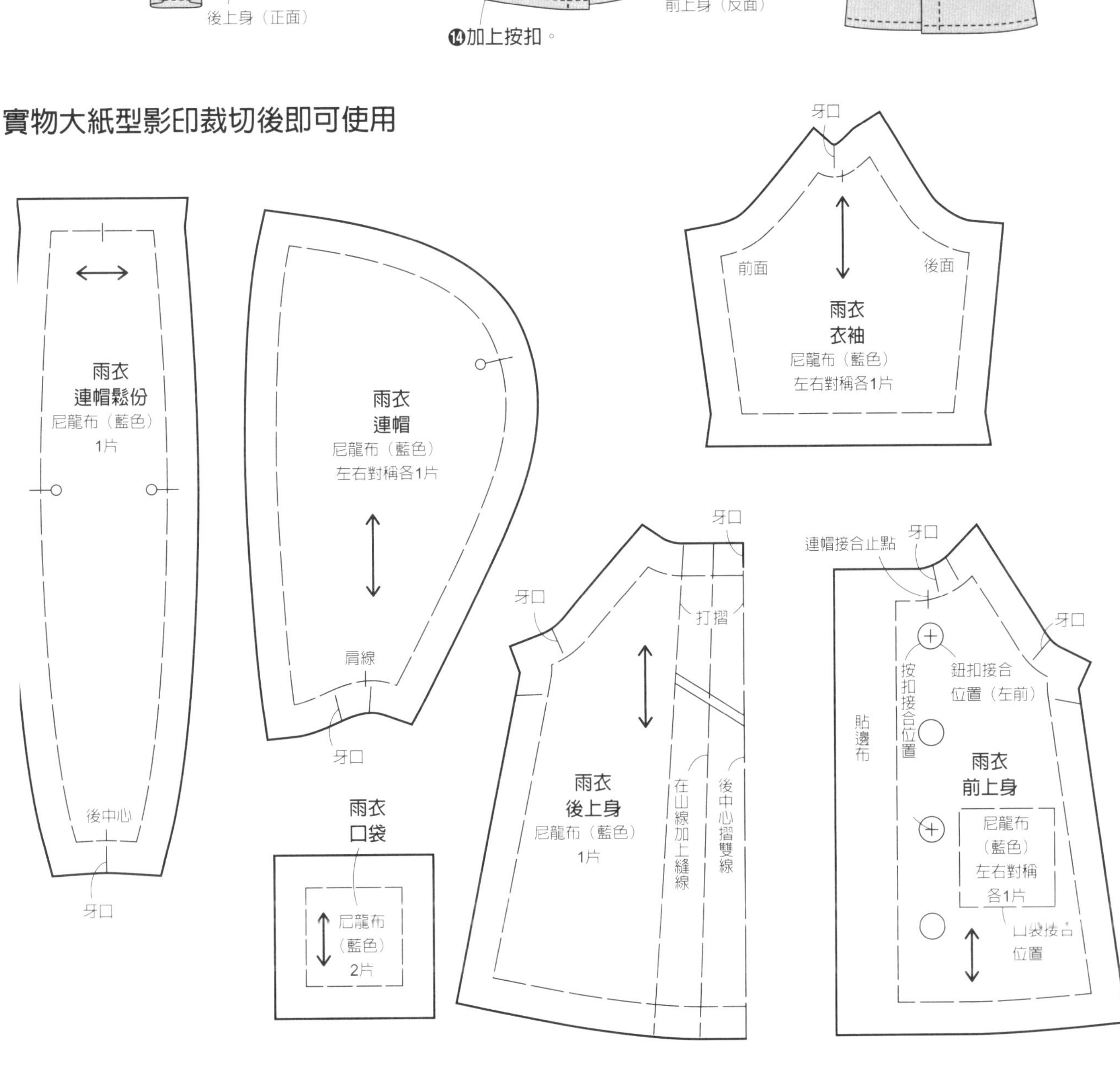

雨衣
連帽鬆份
尼龍布（藍色）
1片
後中心
牙口
雨衣
連帽
尼龍布（藍色）
左右對稱各1片
肩線
牙口
牙口
前面
後面
雨衣
衣袖
尼龍布（藍色）
左右對稱各1片
雨衣
口袋
尼龍布（藍色）
2片
牙口
牙口
打摺
雨衣
後上身
尼龍布（藍色）
1片
在山線加上縫線
後中心摺雙線
連帽接合止點
牙口
牙口
鈕扣接合位置（左前）
按扣接合位置
貼邊布
雨衣
前上身
尼龍布（藍色）左右對稱各1片
口袋接合位置

斗篷 » P.12

實物大紙型 » P.57

材料

尼龍布（點點）：42x12cm

直徑 0.4cm 鈕扣：2顆

直徑 0.4cm 按扣：3組

0.6cm 寬沙丁緞帶：11cm

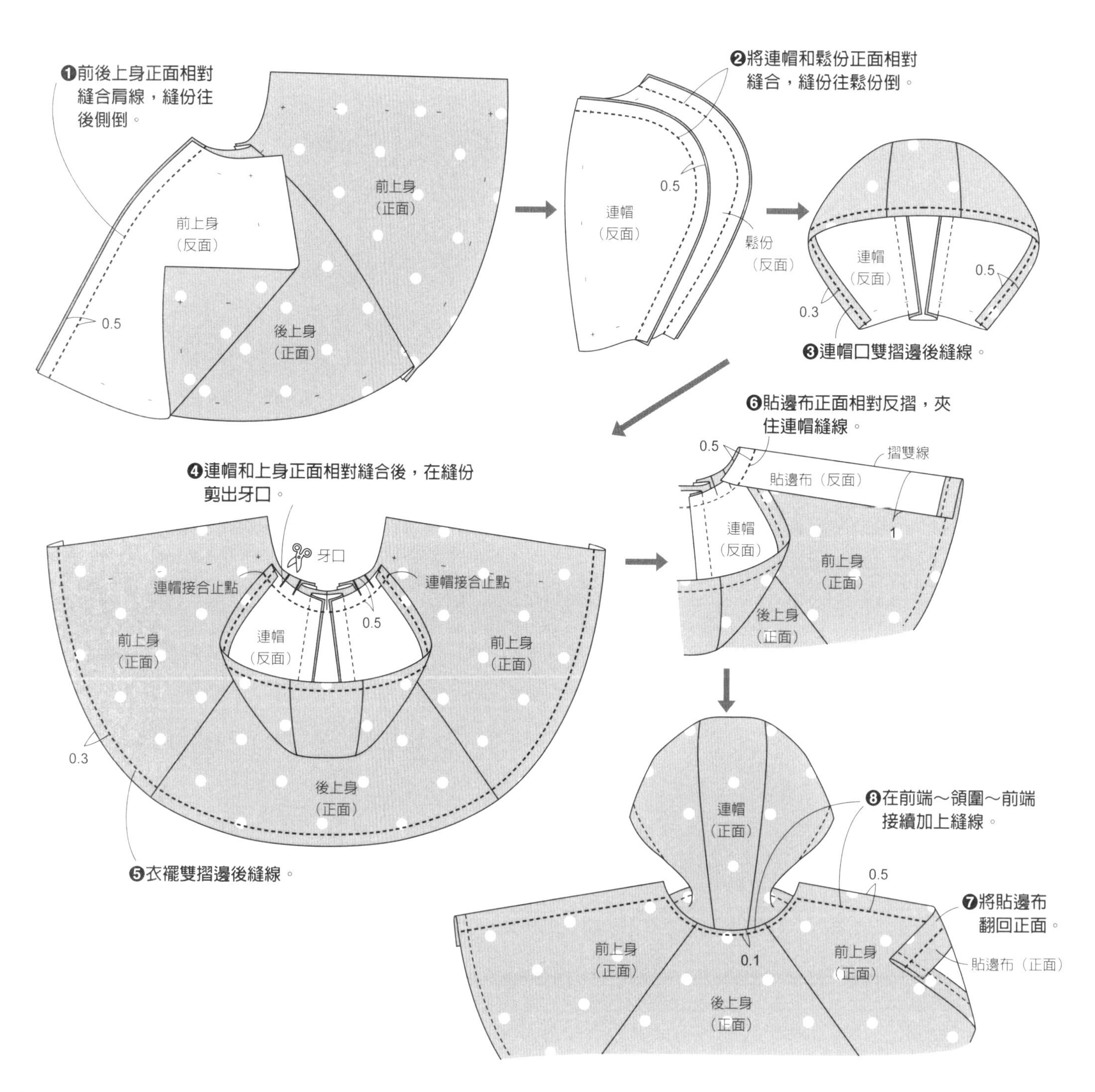

❶前後上身正面相對縫合肩線，縫份往後側倒。
前上身
（正面）
前上身
（反面）
後上身
（正面）
0.5
❷將連帽和鬆份正面相對縫合，縫份往鬆份倒。
連帽
（反面）
0.5
鬆份
（反面）
連帽
（反面）
0.5
0.3
❸連帽口雙摺邊後縫線。
❹連帽和上身正面相對縫合後，在縫份剪出牙口。
牙口
連帽接合止點
連帽接合止點
0.5
連帽
（反面）
前上身
（正面）
前上身
（正面）
0.3
後上身
（正面）
❺衣襬雙摺邊後縫線。
❻貼邊布正面相對反摺，夾住連帽縫線。
0.5
摺雙線
貼邊布（反面）
1
連帽
（反面）
前上身
（正面）
後上身
（正面）
❽在前端～領圍～前端接續加上縫線。
連帽
（正面）
0.5
❼將貼邊布翻回正面。
貼邊布（正面）
前上身
（正面）
0.1
前上身
（正面）
後上身
（正面）

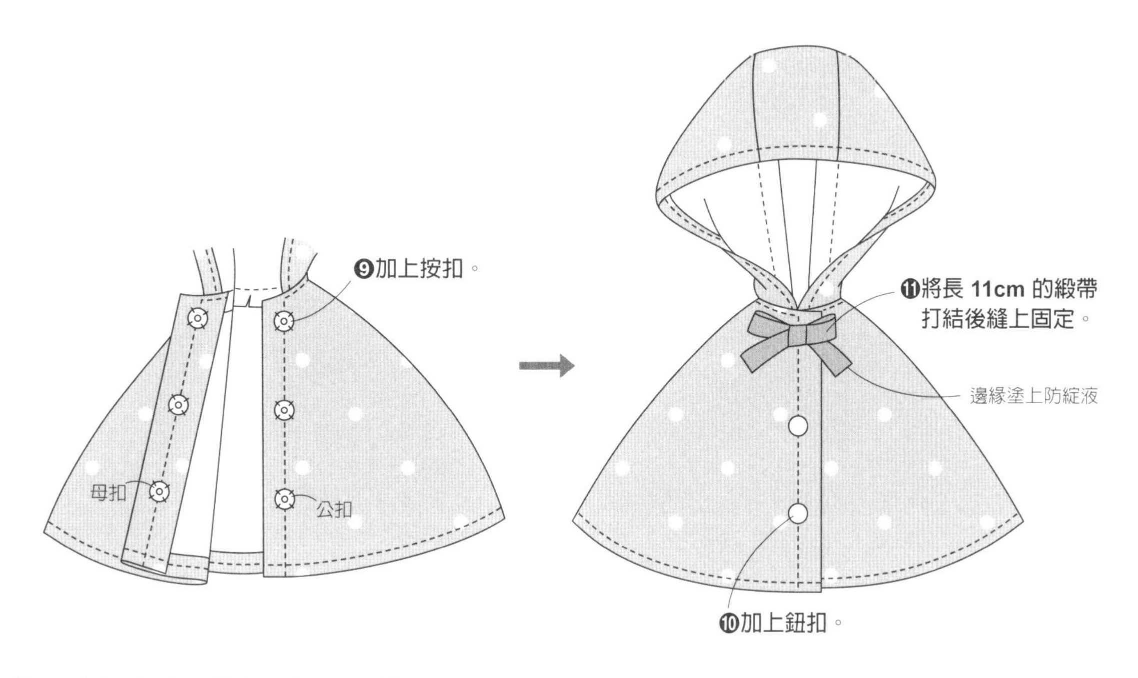
❾加上按扣。
母扣
公扣
⓫將長 11cm 的緞帶
打結後縫上固定。
邊緣塗上防綻液
❿加上鈕扣。

實物大紙型影印裁切後即可使用

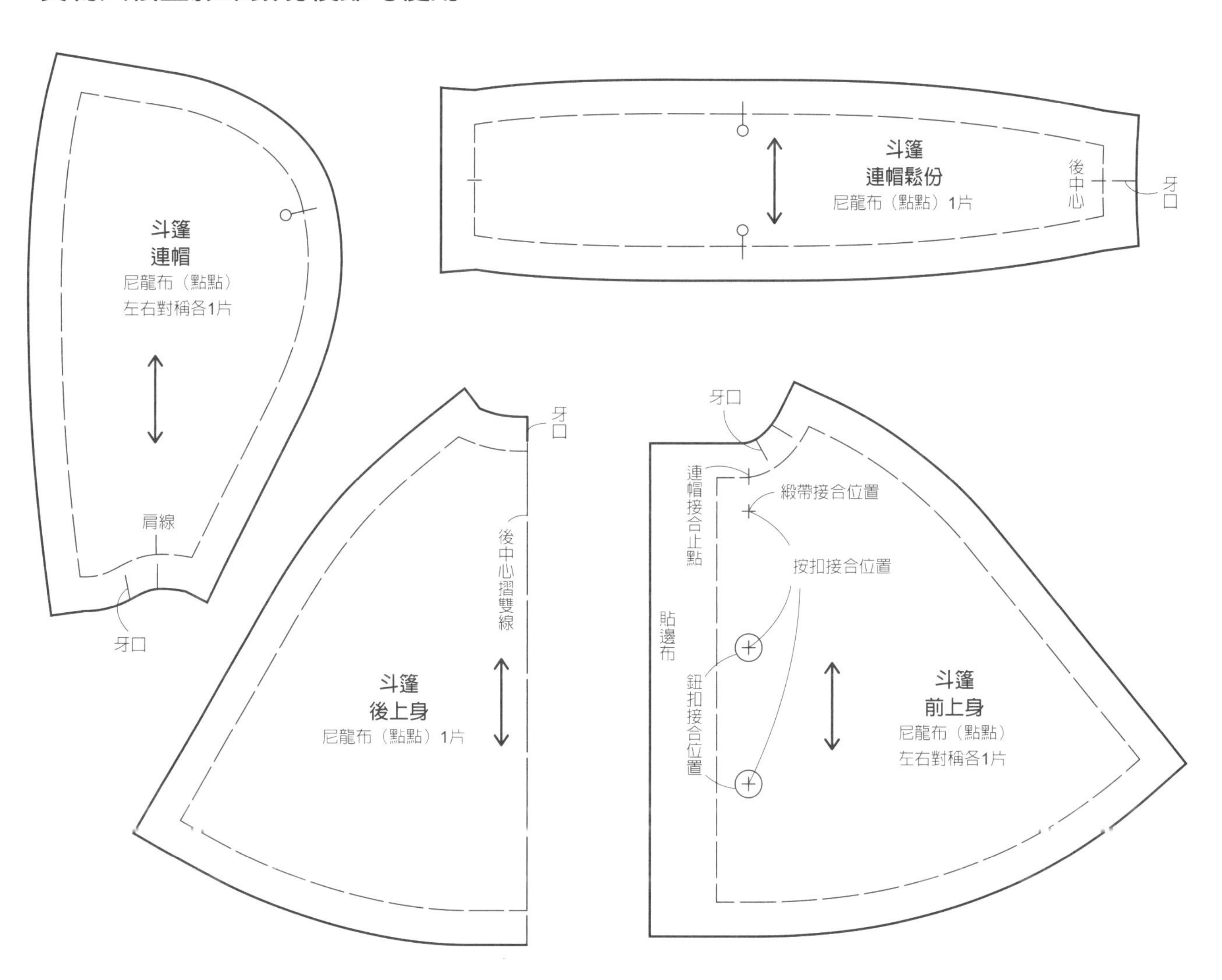
斗篷
連帽
尼龍布（點點）
左右對稱各1片
肩線
牙口
斗篷
連帽鬆份
尼龍布（點點）1片
後中心
牙口
牙口
後中心摺雙線
斗篷
後上身
尼龍布（點點）1片
牙口
連帽接合止點
緞帶接合位置
按扣接合位置
貼邊布
鈕扣接合位置
斗篷
前上身
尼龍布（點點）
左右對稱各1片

比基尼 ›› P.14

實物大紙型 ›› P.59

材料

〈比基尼泳裝〉
尼龍布（方格紋）：10x5cm
平滑針織（橘色）：15x5cm
1cm 寬拉歐爾蕾絲：15cm
0.3cm 寬緞帶（黃色）：20cm
直徑 0.2cm 燙鑽（銀色）：2顆
超薄魔鬼氈：0.6x1.1cm

〈泳裙〉
尼龍布（方格紋）：15x10cm
1.2cm 寬拉歐爾蕾絲：15cm

比基尼泳裝　泳衣

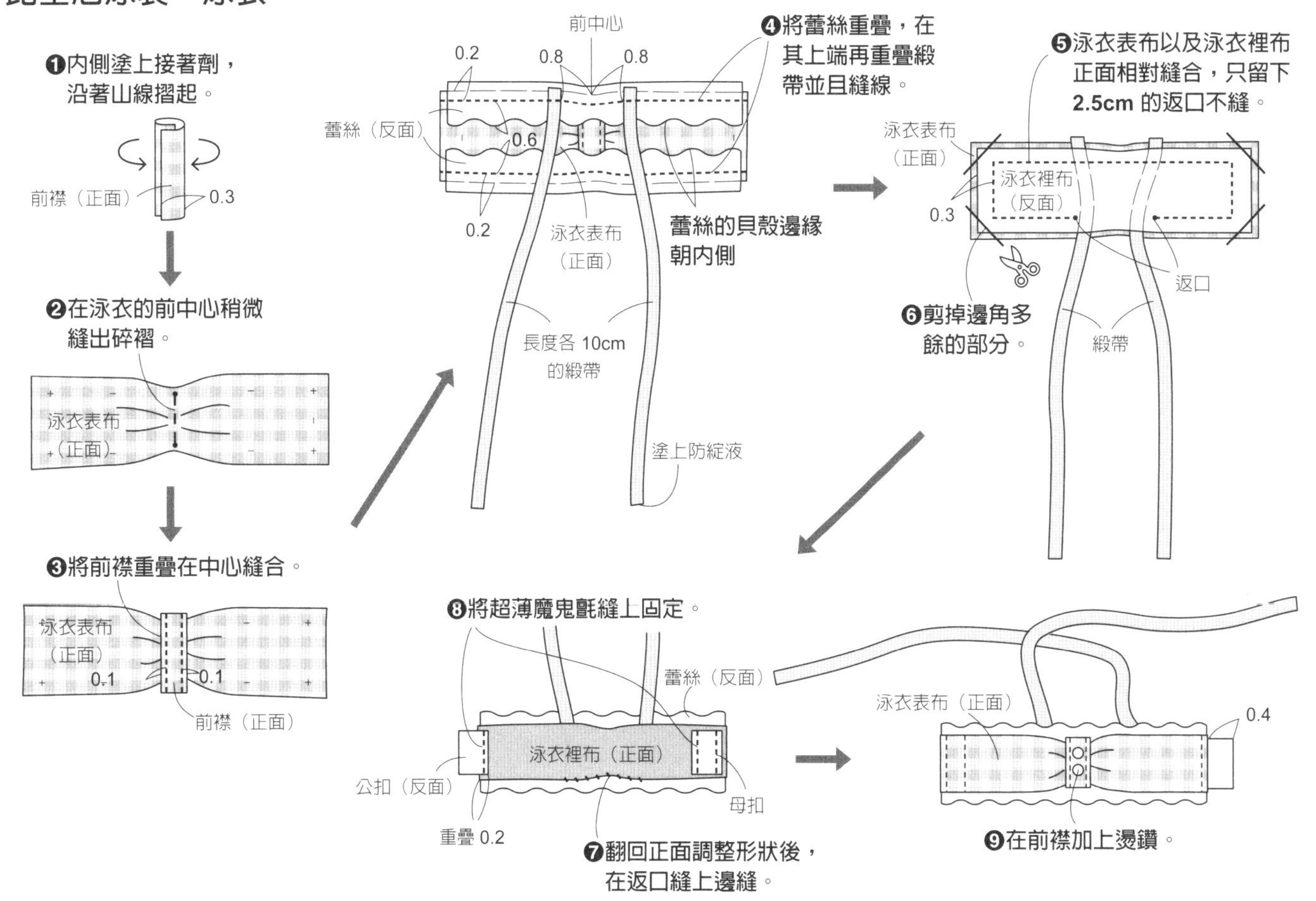

❶內側塗上接著劑，沿著山線摺起。
前襟（正面）
0.3
❷在泳衣的前中心稍微縫出碎褶。
泳衣表布（正面）
❸將前襟重疊在中心縫合。
泳衣表布（正面）
0.1
0.1
前襟（正面）
前中心
0.2
0.8
0.8
蕾絲（反面）
0.6
0.2
泳衣表布（正面）
蕾絲的貝殼邊緣朝內側
長度各 10cm 的緞帶
塗上防綻液
❹將蕾絲重疊，在其上端再重疊緞帶並且縫線。
❺泳衣表布以及泳衣裡布正面相對縫合，只留下 2.5cm 的返口不縫。
泳衣表布（正面）
泳衣裡布（反面）
0.3
返口
❻剪掉邊角多餘的部分。
緞帶
❽將超薄魔鬼氈縫上固定。
蕾絲（反面）
泳衣裡布（正面）
公扣（反面）
重疊 0.2
母扣
❼翻回正面調整形狀後，在返口縫上邊縫。
泳衣表布（正面）
0.4
❾在前襟加上燙鑽。

比基尼泳裝　泳褲

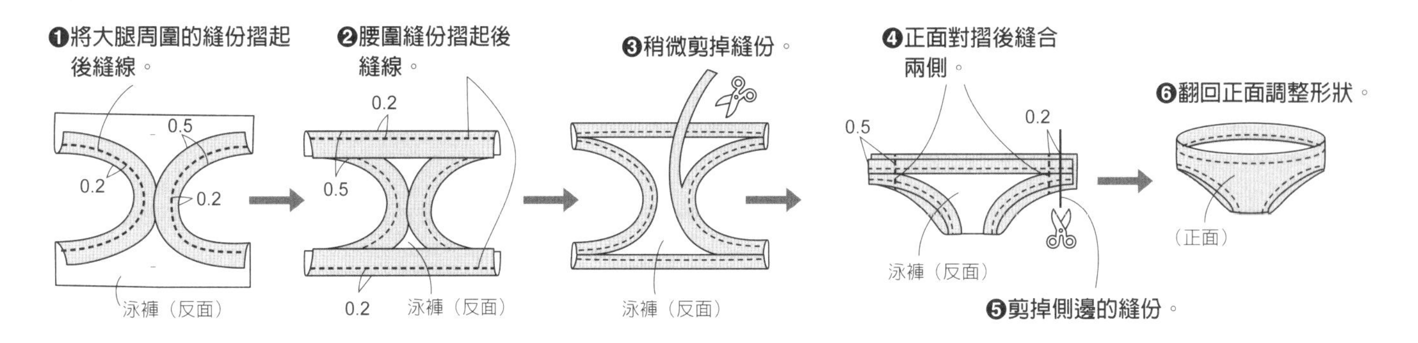

❶將大腿周圍的縫份摺起後縫線。
0.5
0.2
0.2
泳褲（反面）
❷腰圍縫份摺起後縫線。
0.2
0.5
0.2
泳褲（反面）
❸稍微剪掉縫份。
泳褲（反面）
❹正面對摺後縫合兩側。
0.5
0.2
泳褲（反面）
❺剪掉側邊的縫份。
❻翻回正面調整形狀。
（正面）

泳裙

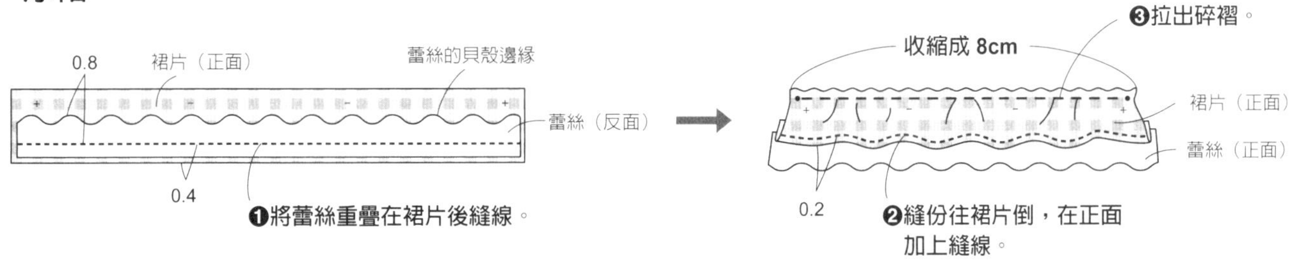
0.8
裙片（正面）
蕾絲的貝殼邊緣
蕾絲（反面）
0.4
❶將蕾絲重疊在裙片後縫線。
收縮成 8cm
❸拉出碎褶。
裙片（正面）
蕾絲（正面）
0.2
❷縫份往裙片倒，在正面
加上縫線。

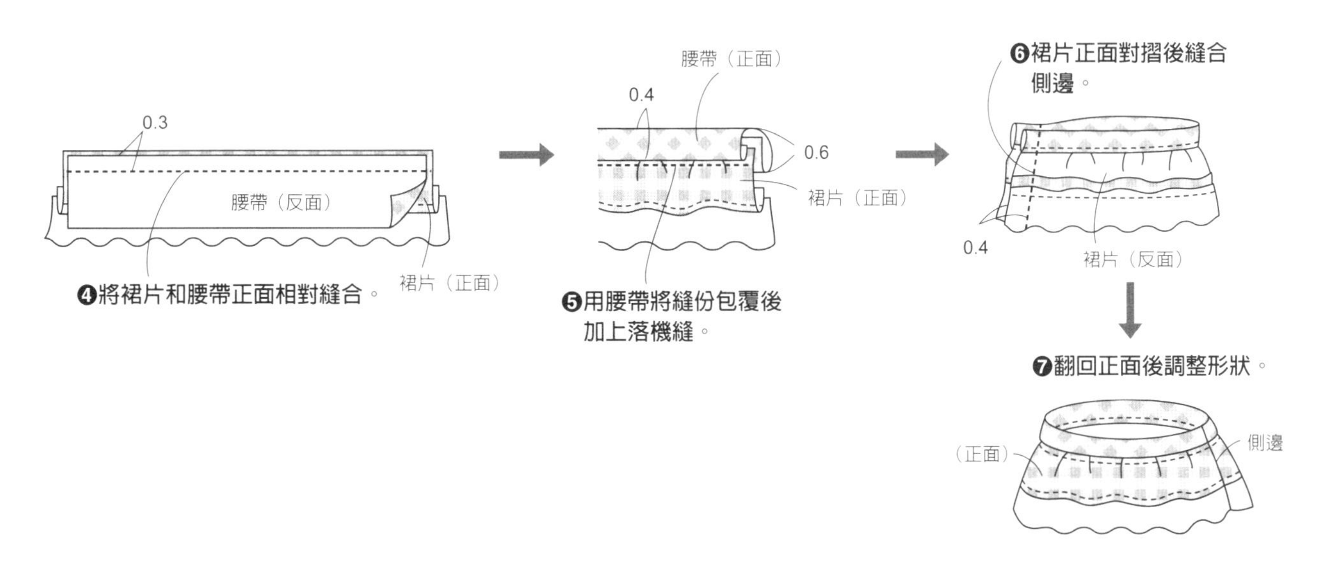
0.3
腰帶（反面）
裙片（正面）
❹將裙片和腰帶正面相對縫合。
腰帶（正面）
0.4
0.6
裙片（正面）
❺用腰帶將縫份包覆後
加上落機縫。
❻裙片正面對摺後縫合
側邊。
0.4
裙片（反面）
❼翻回正面後調整形狀。
（正面）
側邊

實物大紙型影印裁切後即可使用

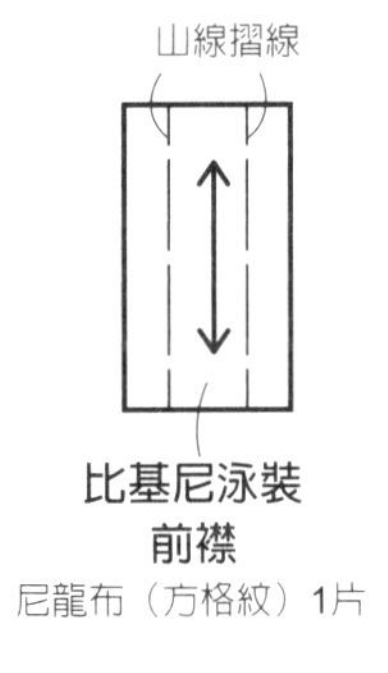
山線摺線
比基尼泳裝
前襟
尼龍布（方格紋）1片

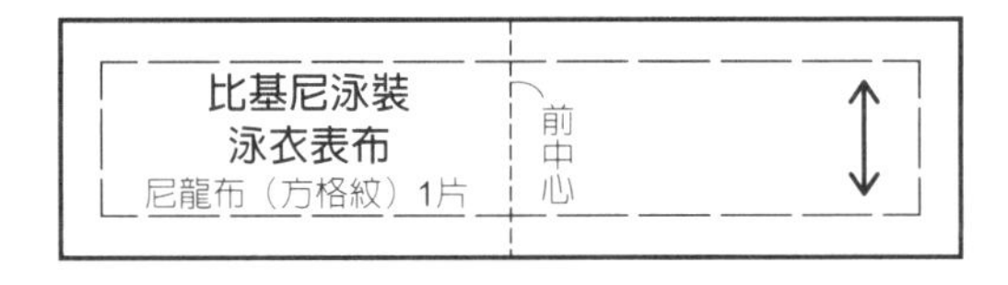
比基尼泳裝
泳衣表布
尼龍布（方格紋）1片
前
中
心

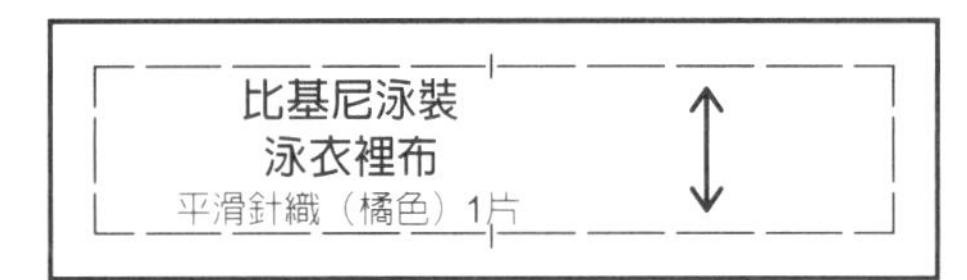
比基尼泳裝
泳衣裡布
平滑針織（橘色）1片

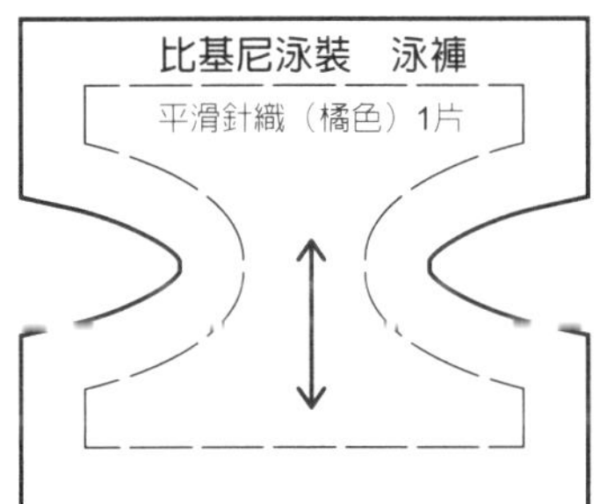
比基尼泳裝　泳褲
平滑針織（橘色）1片

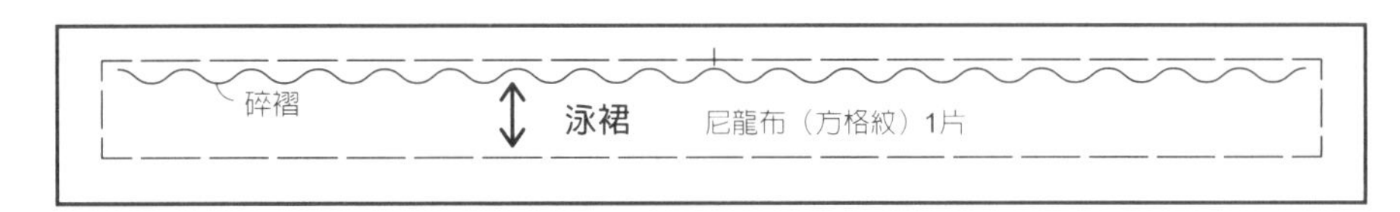
碎褶
泳裙
尼龍布（方格紋）1片

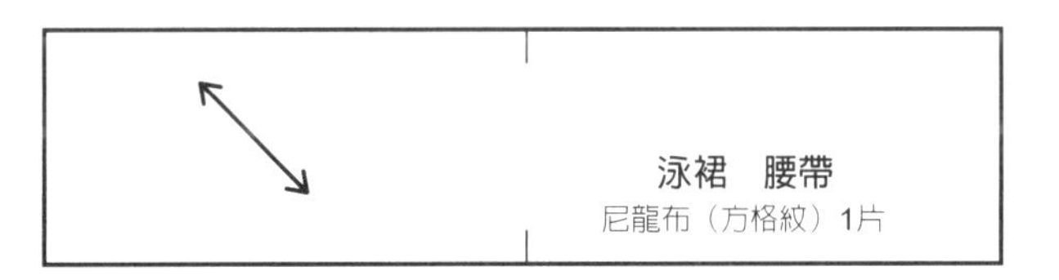
泳裙　腰帶
尼龍布（方格紋）1片

夏威夷襯衫 ›› P.14

實物大紙型 ›› P.61

材料

〈夏威夷襯衫〉
棉布（印花）：22x12cm

〈衝浪褲〉
尼龍布（橘色）：15x10cm
0.2cm 寬水手服織帶：35cm

夏威夷襯衫

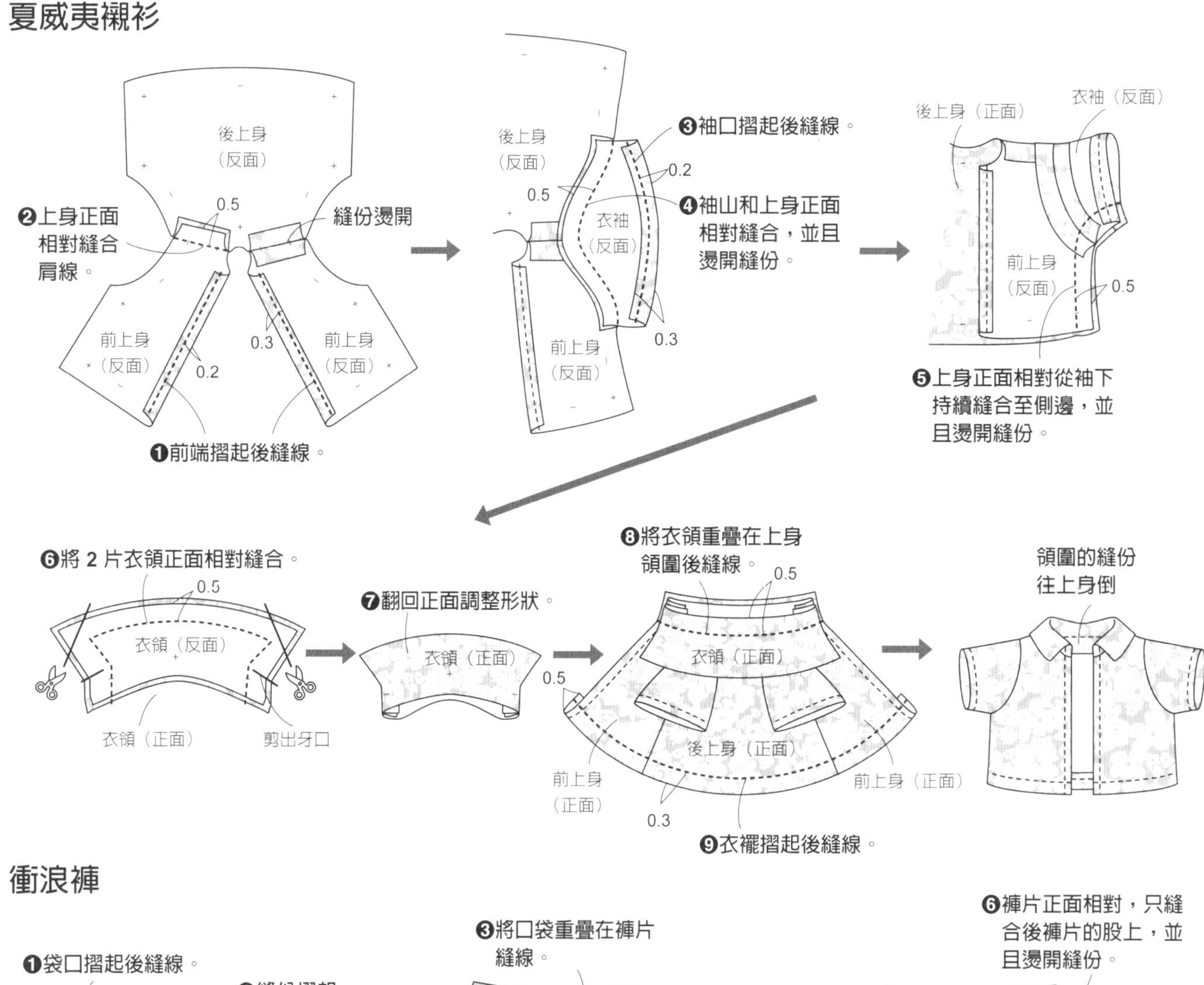
後上身
（反面）
❷上身正面
相對縫合
肩線。
0.5
縫份燙開
前上身
（反面）
0.3
0.2
❶前端摺起後縫線。
後上身
（反面）
0.5
衣袖
（反面）
❸袖口摺起後縫線。
0.2
❹袖山和上身正面
相對縫合，並且
燙開縫份。
0.3
前上身
（反面）
後上身（正面）
衣袖（反面）
前上身
（反面）
0.5
❺上身正面相對從袖下
持續縫合至側邊，並
且燙開縫份。
❻將 2 片衣領正面相對縫合。
0.5
衣領（反面）
衣領（正面）
剪出牙口
❼翻回正面調整形狀。
衣領（正面）
❽將衣領重疊在上身
領圍後縫線。
0.5
衣領（正面）
後上身（正面）
前上身
（正面）
前上身（正面）
0.3
❾衣襬摺起後縫線。
領圍的縫份
往上身倒

衝浪褲

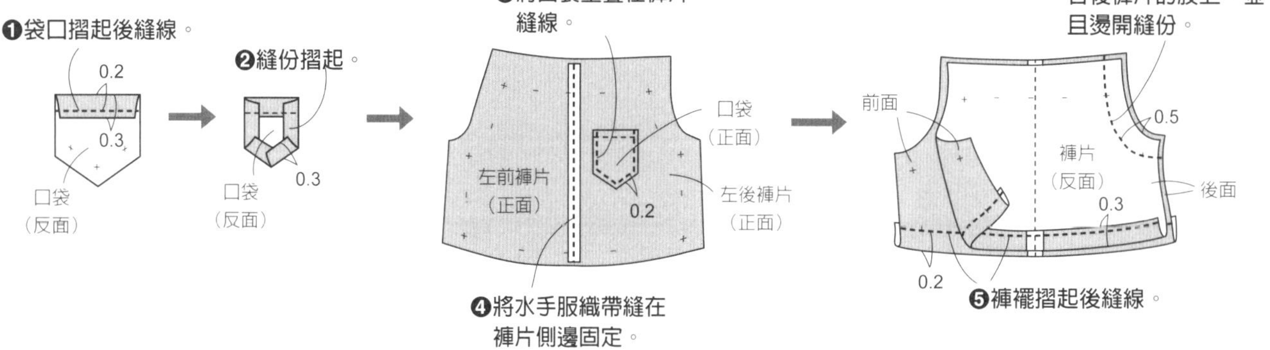
❶袋口摺起後縫線。
0.2
0.3
口袋
（反面）
❷縫份摺起。
0.3
口袋
（反面）
❸將口袋重疊在褲片
縫線。
口袋
（正面）
左前褲片
（正面）
0.2
左後褲片
（正面）
❹將水手服織帶縫在
褲片側邊固定。
❻褲片正面相對，只縫
合後褲片的股上，並
且燙開縫份。
前面
0.5
褲片
（反面）
後面
0.3
0.2
❺褲襬摺起後縫線。

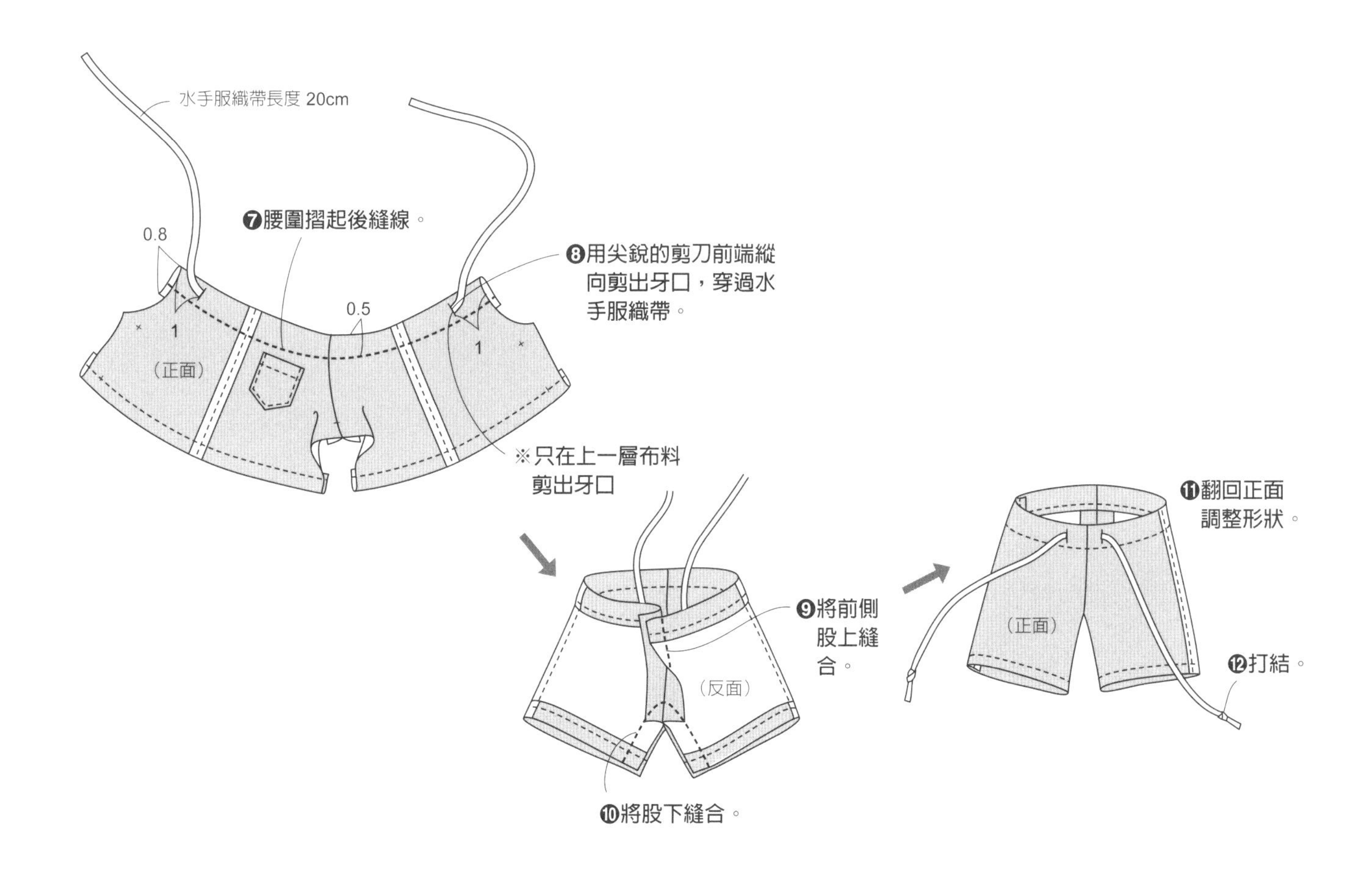
水手服織帶長度 20cm
❼腰圍摺起後縫線。
0.8
0.5
1
（正面）
1
❽用尖銳的剪刀前端縱向剪出牙口，穿過水手服織帶。
※只在上一層布料剪出牙口
❾將前側股上縫合。
（反面）
❿將股下縫合。
⓫翻回正面調整形狀。
（正面）
⓬打結。

實物大紙型影印裁切後即可使用

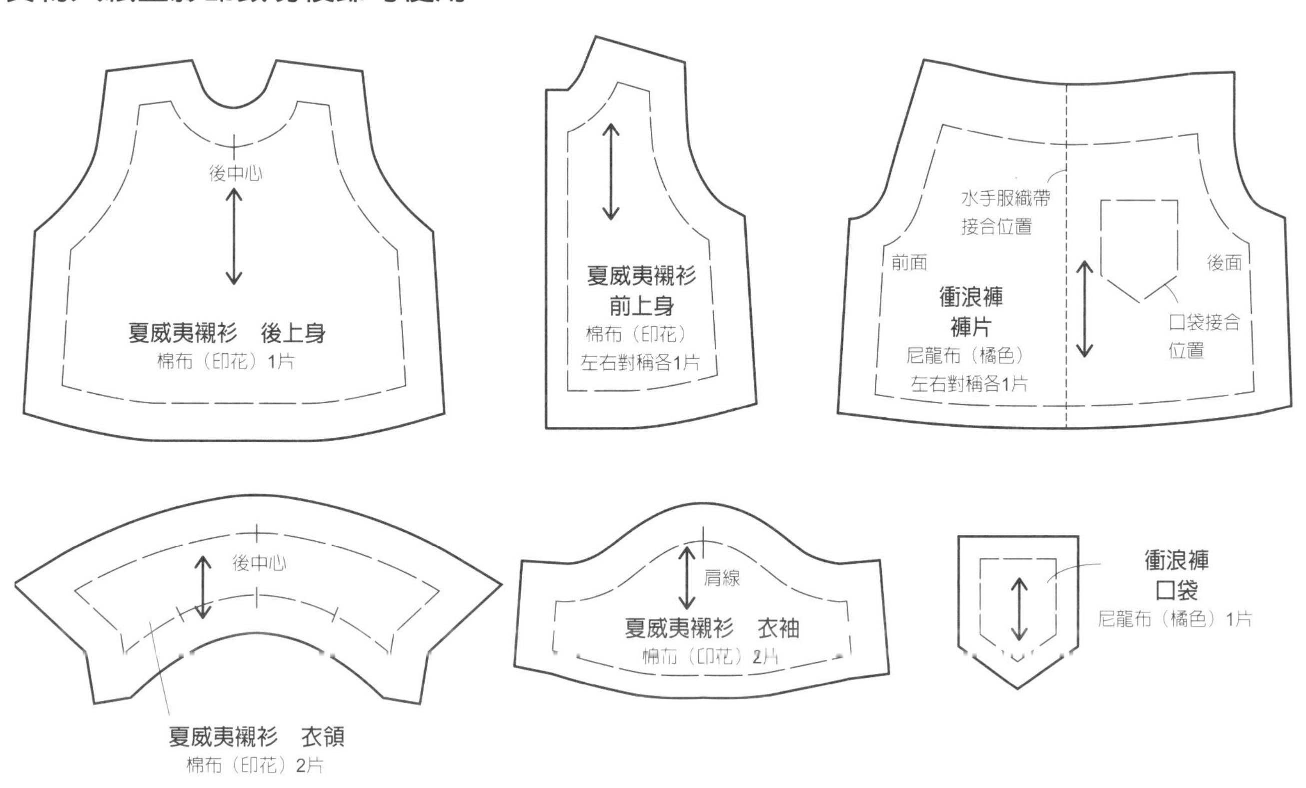
後中心
夏威夷襯衫　後上身
棉布（印花）1片
夏威夷襯衫
前上身
棉布（印花）
左右對稱各1片
水手服織帶
接合位置
前面
後面
衝浪褲
褲片
尼龍布（橘色）
左右對稱各1片
口袋接合
位置
後中心
夏威夷襯衫　衣領
棉布（印花）2片
肩線
夏威夷襯衫　衣袖
棉布（印花）2片
衝浪褲
口袋
尼龍布（橘色）1片

鬼精靈 » P.16

實物大紙型 » P.63

材料

〈鬼精靈連身裙〉
天竺棉（白色）：35x25cm
羊毛氈（黑色）：3x3cm

〈襪子〉
天竺棉（白色）：10x5cm

鬼精靈連身裙

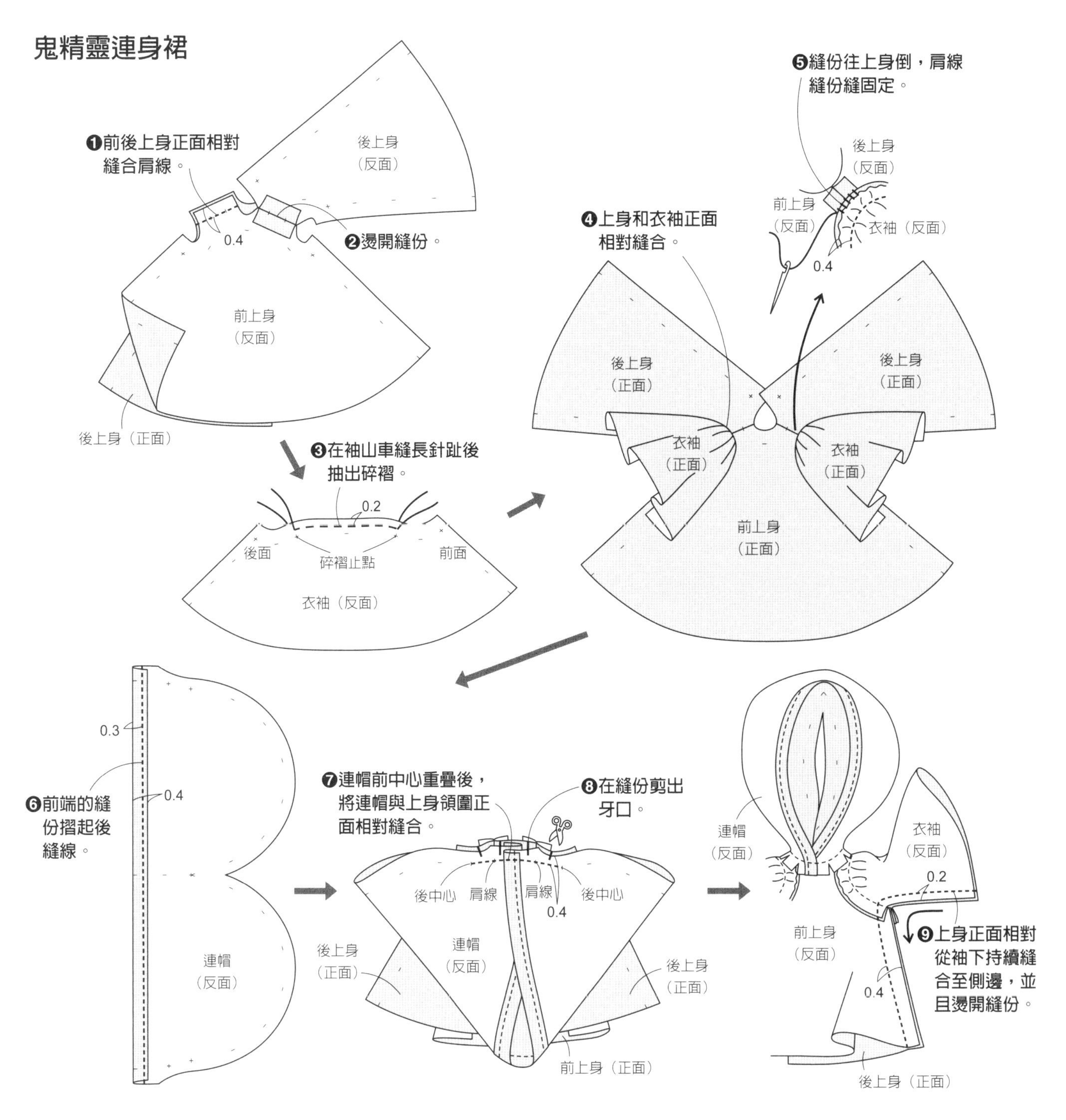
❶前後上身正面相對縫合肩線。
後上身（反面）
0.4
❷燙開縫份。
前上身（反面）
後上身（正面）
❸在袖山車縫長針趾後抽出碎褶。
0.2
後面
碎褶止點
前面
衣袖（反面）
❹上身和衣袖正面相對縫合。
❺縫份往上身倒，肩線縫份縫固定。
後上身（反面）
前上身（反面）
衣袖（反面）
0.4
後上身（正面）
後上身（正面）
衣袖（正面）
衣袖（正面）
前上身（正面）
0.3
❻前端的縫份摺起後縫線。
0.4
連帽（反面）
❼連帽前中心重疊後，將連帽與上身領圍正面相對縫合。
❽在縫份剪出牙口。
後中心
肩線
肩線
後中心
0.4
後上身（正面）
連帽（反面）
後上身（正面）
前上身（正面）
連帽（反面）
衣袖（反面）
0.2
前上身（反面）
0.4
❾上身正面相對從袖下持續縫合至側邊，並且燙開縫份。
後上身（正面）

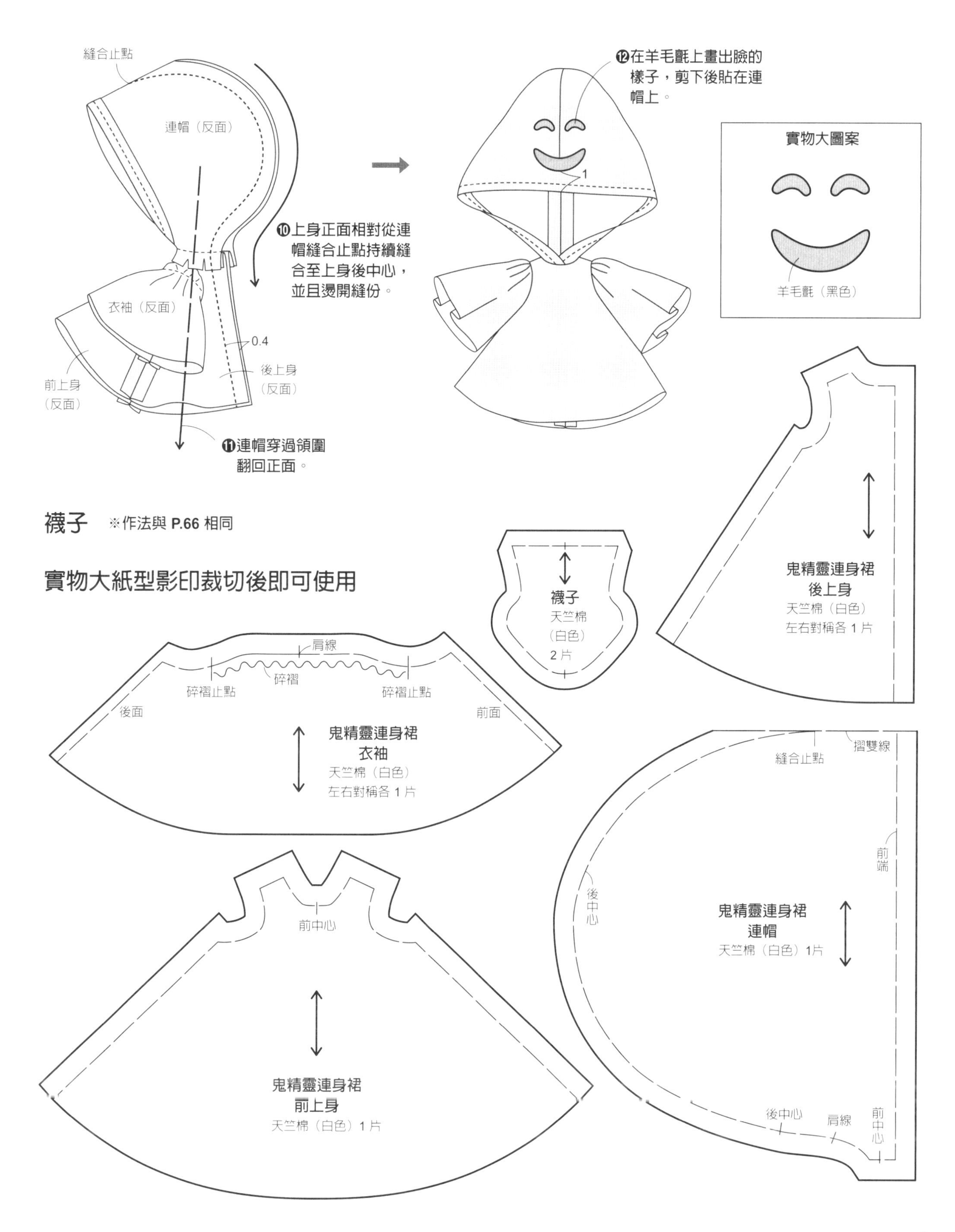
縫合止點
連帽（反面）
⑩上身正面相對從連帽縫合止點持續縫合至上身後中心，並且燙開縫份。
衣袖（反面）
0.4
後上身（反面）
前上身（反面）
⑪連帽穿過領圍翻回正面。
⑫在羊毛氈上畫出臉的樣子，剪下後貼在連帽上。
1
實物大圖案
羊毛氈（黑色）
襪子 ※作法與 P.66 相同
實物大紙型影印裁切後即可使用
襪子
天竺棉（白色）
2片
鬼精靈連身裙
後上身
天竺棉（白色）
左右對稱各 1 片
肩線
碎褶
碎褶止點
碎褶止點
後面
前面
鬼精靈連身裙
衣袖
天竺棉（白色）
左右對稱各 1 片
縫合止點
摺雙線
前端
後中心
鬼精靈連身裙
連帽
天竺棉（白色）1片
後中心
肩線
前中心
前中心
鬼精靈連身裙
前上身
天竺棉（白色）1 片

小女巫 » P.16

實物大紙型 » P.67

材料

〈披風〉
細平布（黑色）：15x10cm
雪紡紗（酒紅色）：15x10cm
直徑 0.2cm 繩線：22cm

〈公主袖連身裙〉
細平布（黑色）：30x15cm
布襯（黑色）：5x5cm
超薄魔鬼氈：0.6x5.2cm

〈襪子〉
天竺棉（酒紅色）：10x5cm
〈三角帽〉
細平布（黑色）：25x20cm

披風

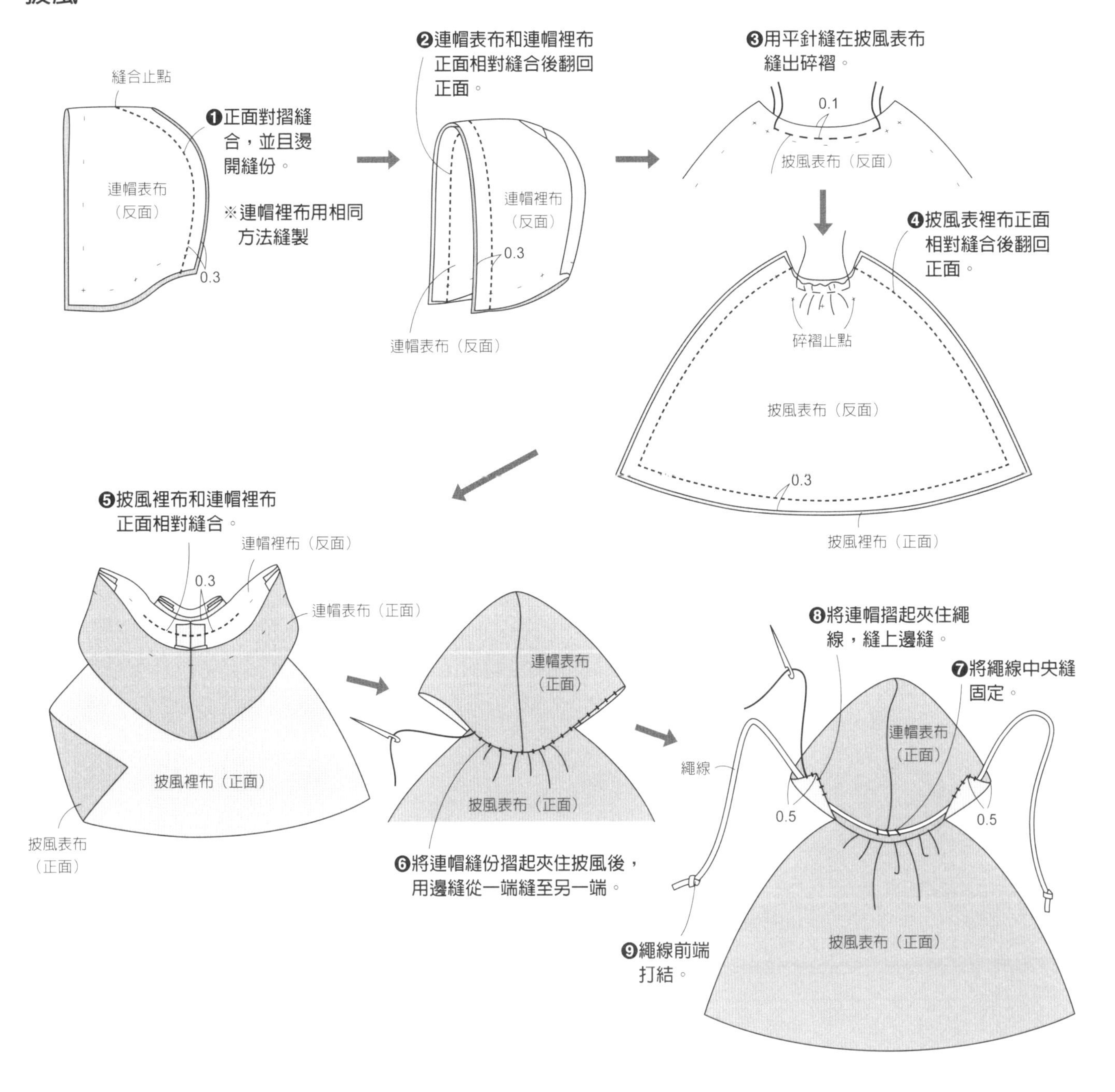
縫合止點
❶正面對摺縫合，並且燙開縫份。
連帽表布（反面）
※連帽裡布用相同方法縫製
0.3
❷連帽表布和連帽裡布正面相對縫合後翻回正面。
連帽裡布（反面）
0.3
連帽表布（反面）
❸用平針縫在披風表布縫出碎褶。
0.1
披風表布（反面）
❹披風表裡布正面相對縫合後翻回正面。
碎褶止點
披風表布（反面）
0.3
披風裡布（正面）
❺披風裡布和連帽裡布正面相對縫合。
連帽裡布（反面）
0.3
連帽表布（正面）
披風裡布（正面）
披風表布（正面）
連帽表布（正面）
披風表布（正面）
❻將連帽縫份摺起夾住披風後，用邊縫從一端縫至另一端。
❽將連帽摺起夾住繩線，縫上邊縫。
❼將繩線中央縫固定。
連帽表布（正面）
繩線
0.5
0.5
❾繩線前端打結。
披風表布（正面）

公主袖連身裙

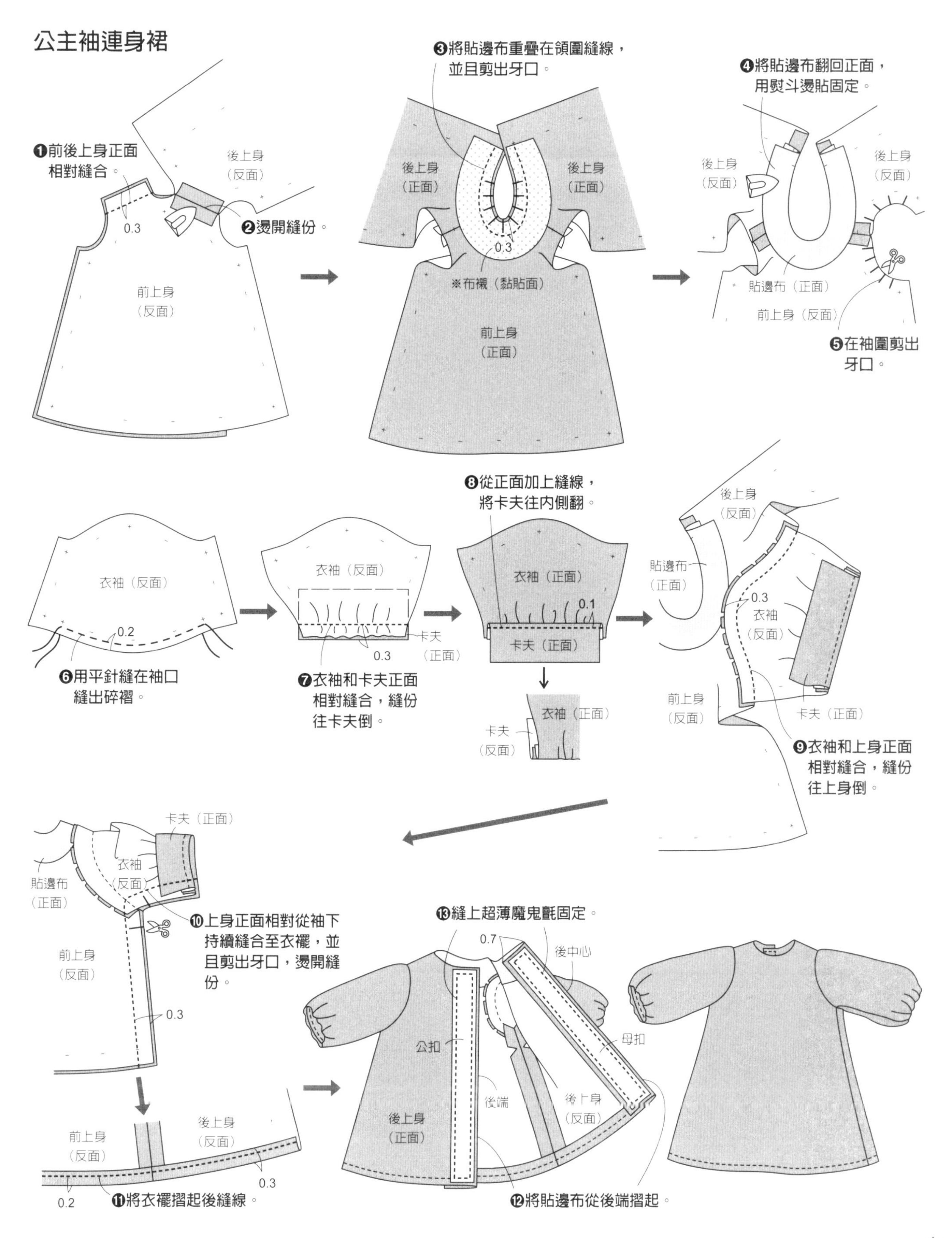

❶前後上身正面
相對縫合。
後上身
（反面）
0.3
❷燙開縫份。
前上身
（反面）
❸將貼邊布重疊在領圍縫線，
並且剪出牙口。
後上身
（正面）
後上身
（正面）
0.3
※布襯（黏貼面）
前上身
（正面）
❹將貼邊布翻回正面，
用熨斗燙貼固定。
後上身
（反面）
後上身
（反面）
貼邊布（正面）
前上身（反面）
❺在袖圍剪出
牙口。
衣袖（反面）
0.2
❻用平針縫在袖口
縫出碎褶。
衣袖（反面）
卡夫
（正面）
0.3
❼衣袖和卡夫正面
相對縫合，縫份
往卡夫倒。
❽從正面加上縫線，
將卡夫往內側翻。
衣袖（正面）
0.1
卡夫（正面）
衣袖（正面）
卡夫
（反面）
後上身
（反面）
貼邊布
（正面）
0.3
衣袖
（反面）
前上身
（反面）
卡夫（正面）
❾衣袖和上身正面
相對縫合，縫份
往上身倒。
卡夫（正面）
衣袖
（反面）
貼邊布
（正面）
❿上身正面相對從袖下
持續縫合至衣襬，並
且剪出牙口，燙開縫
份。
前上身
（反面）
0.3
前上身
（反面）
後上身
（反面）
0.3
0.2
⓫將衣襬摺起後縫線。
⓭縫上超薄魔鬼氈固定。
0.7
後中心
公扣
母扣
後端
後上身
（反面）
後上身
（正面）
⓬將貼邊布從後端摺起。

襪子

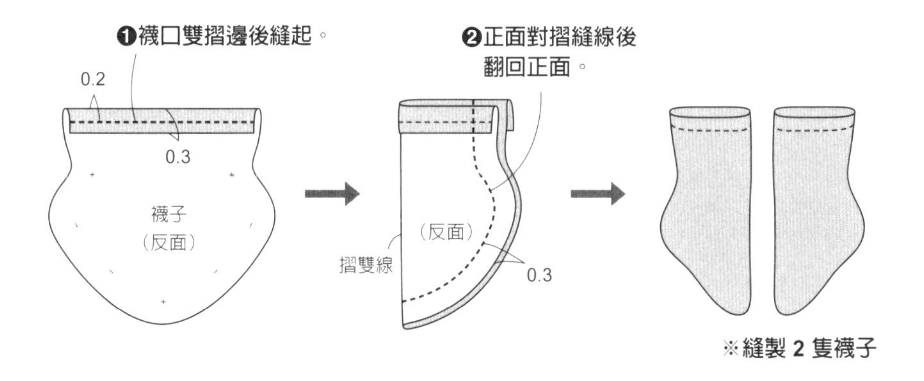
❶襪口雙摺邊後縫起。
0.2
0.3
襪子
（反面）
❷正面對摺縫線後
翻回正面。
（反面）
摺雙線
0.3
※縫製 2 隻襪子

三角帽

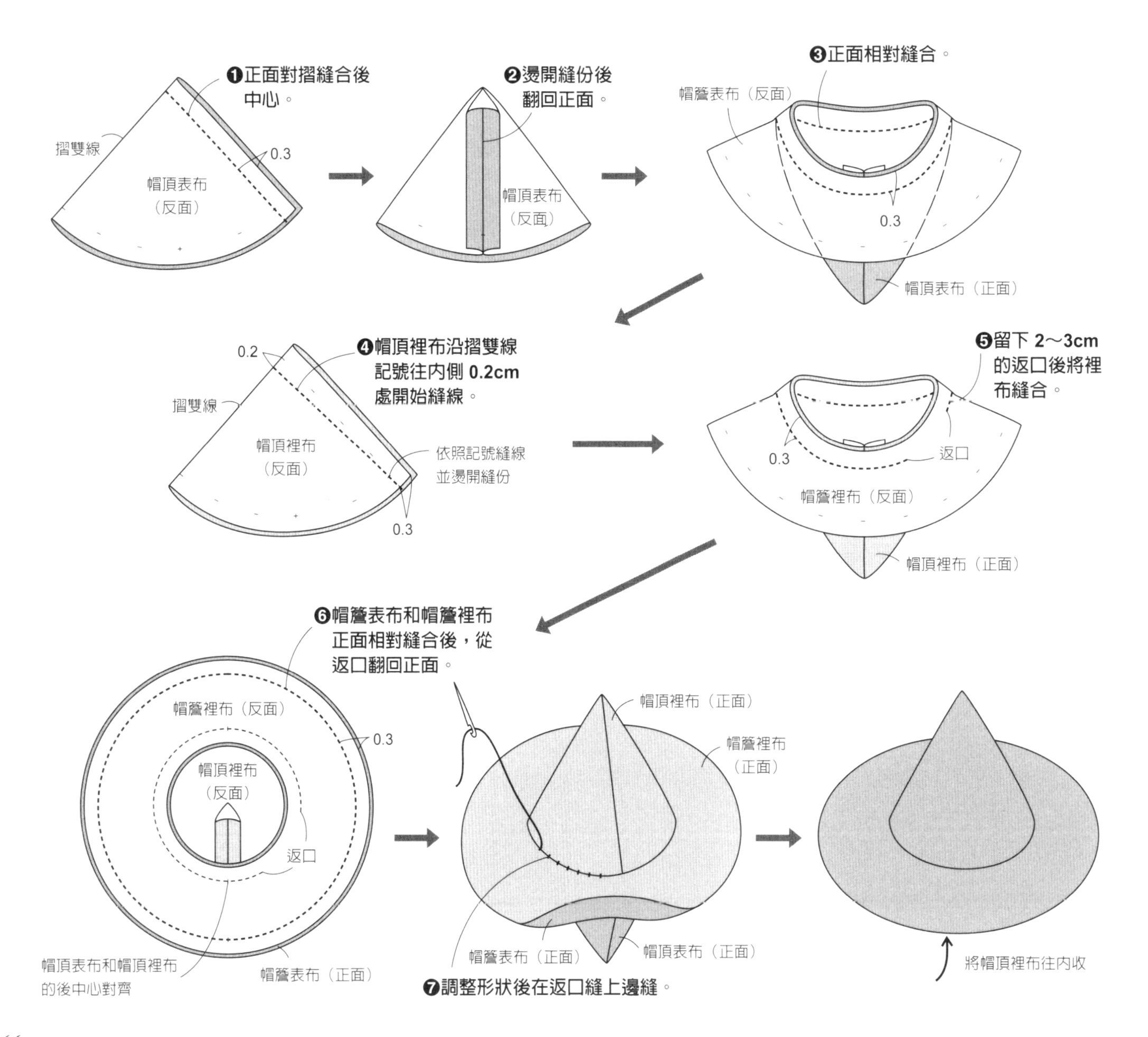
❶正面對摺縫合後
中心。
摺雙線
0.3
帽頂表布
（反面）
❷燙開縫份後
翻回正面。
帽頂表布
（反面）
❸正面相對縫合。
帽簷表布（反面）
0.3
帽頂表布（正面）
0.2
❹帽頂裡布沿摺雙線
記號往內側 0.2cm
處開始縫線。
摺雙線
帽頂裡布
（反面）
依照記號縫線
並燙開縫份
0.3
❺留下 2～3cm
的返口後將裡
布縫合。
0.3
返口
帽簷裡布（反面）
帽頂裡布（正面）
❻帽簷表布和帽簷裡布
正面相對縫合後，從
返口翻回正面。
帽簷裡布（反面）
0.3
帽頂裡布
（反面）
返口
帽頂表布和帽頂裡布
的後中心對齊
帽簷表布（正面）
帽頂裡布（正面）
帽簷裡布
（正面）
帽簷表布（正面）
帽頂表布（正面）
❼調整形狀後在返口縫上邊縫。
將帽頂裡布往內收

實物大紙型影印裁切後即可使用

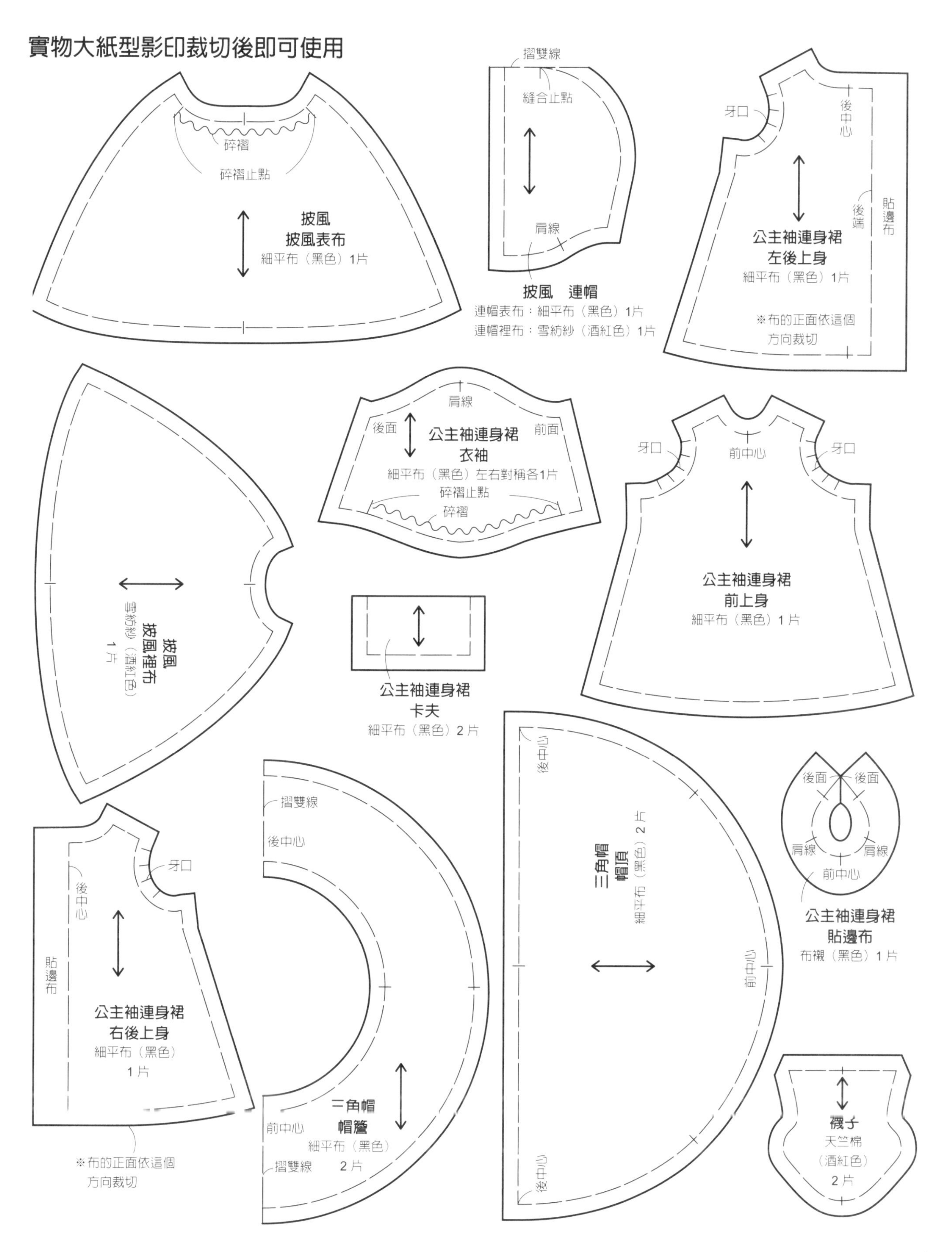

碎褶
碎褶止點
披風
披風表布
細平布（黑色）1片
摺雙線
縫合止點
肩線
披風　連帽
連帽表布：細平布（黑色）1片
連帽裡布：雪紡紗（酒紅色）1片
牙口
後中心
後端
貼邊布
公主袖連身裙
左後上身
細平布（黑色）1片
※布的正面依這個方向裁切
披風
披風裡布
雪紡紗（酒紅色）
1片
肩線
後面
前面
公主袖連身裙
衣袖
細平布（黑色）左右對稱各1片
碎褶止點
碎褶
牙口
前中心
牙口
公主袖連身裙
前上身
細平布（黑色）1片
公主袖連身裙
卡夫
細平布（黑色）2片
後中心
三角帽
帽頂
細平布（黑色）2片
前中心
後中心
後面
後面
肩線
肩線
前中心
公主袖連身裙
貼邊布
布襯（黑色）1片
牙口
後中心
貼邊布
公主袖連身裙
右後上身
細平布（黑色）
1片
※布的正面依這個方向裁切
摺雙線
後中心
前中心
三角帽
帽簷
細平布（黑色）
摺雙線
2片
襪子
天竺棉
（酒紅色）
2片

傑克燈籠 » P.18

實物大紙型 » P.67,70

材料

〈南瓜連身衣〉
細平棉布（橘色）：25x20cm
雪紡棉布（白色）：10x8cm
直徑 0.5cm 按扣：1組
羊毛氈（黑色、綠色、黃綠色）：適量

花藝鐵絲（黃綠色）：5cm
〈長版 T-shirts〉
橫紋針織：8x15cm
布襯（黑色）：5x5cm

〈褲襪〉
橫紋針織：10x10cm
〈三角帽〉
細平布（黑色）：25x20cm

南瓜連身衣

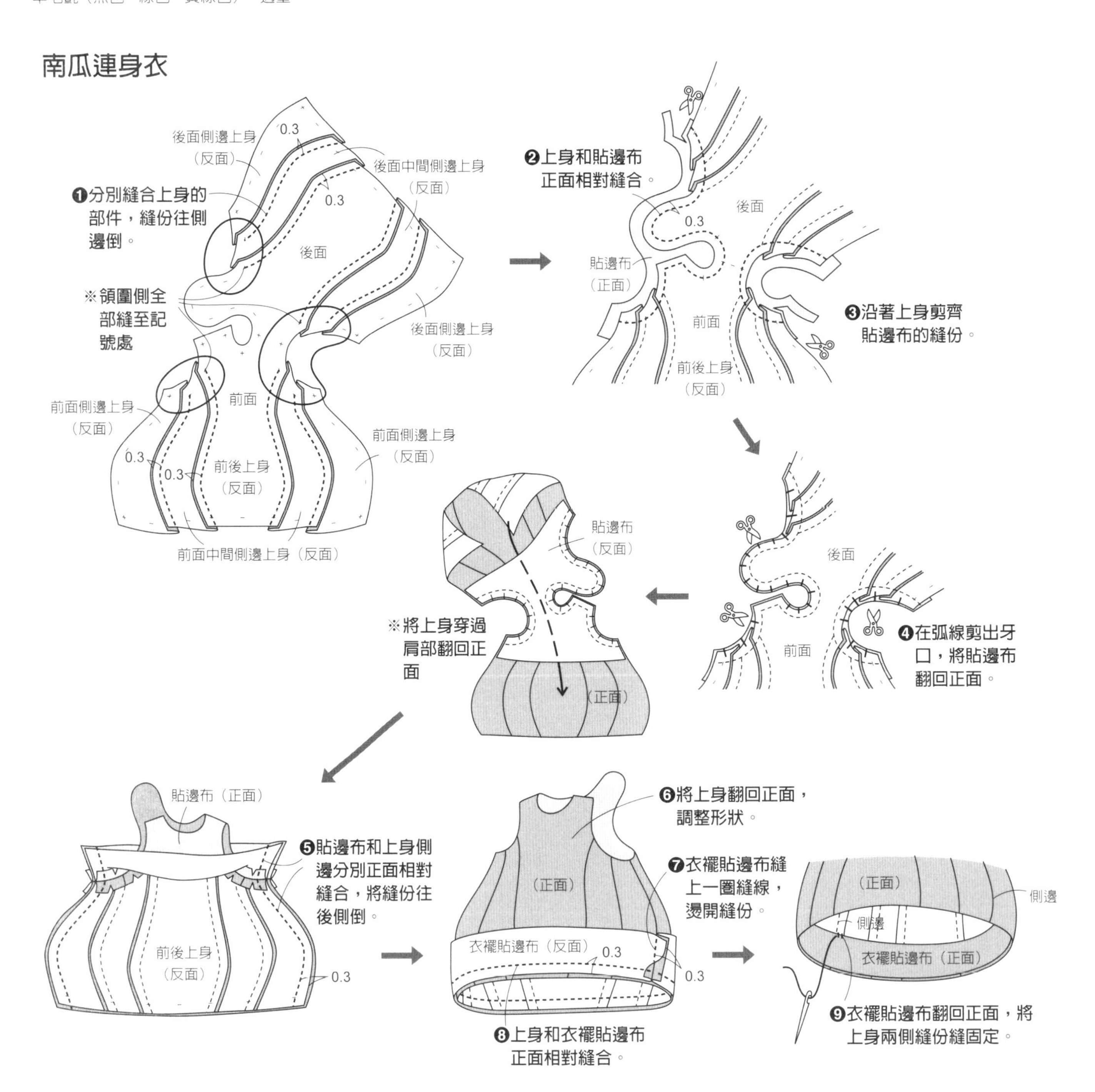
後面側邊上身
（反面）
0.3
後面中間側邊上身
（反面）
0.3
❶分別縫合上身的部件，縫份往側邊倒。
後面
※領圍側全部縫至記號處
後面側邊上身
（反面）
前面
前面側邊上身
（反面）
前面側邊上身
（反面）
0.3
0.3
前後上身
（反面）
前面中間側邊上身（反面）
❷上身和貼邊布正面相對縫合。
後面
0.3
貼邊布
（正面）
前面
前後上身
（反面）
❸沿著上身剪齊貼邊布的縫份。
貼邊布
（反面）
※將上身穿過肩部翻回正面
（正面）
後面
前面
❹在弧線剪出牙口，將貼邊布翻回正面。
貼邊布（正面）
❺貼邊布和上身側邊分別正面相對縫合，將縫份往後側倒。
前後上身
（反面）
0.3
❻將上身翻回正面，調整形狀。
（正面）
❼衣襬貼邊布縫上一圈縫線，燙開縫份。
衣襬貼邊布（反面）
0.3
0.3
❽上身和衣襬貼邊布正面相對縫合。
（正面）
側邊
側邊
衣襬貼邊布（正面）
❾衣襬貼邊布翻回正面，將上身兩側縫份縫固定。

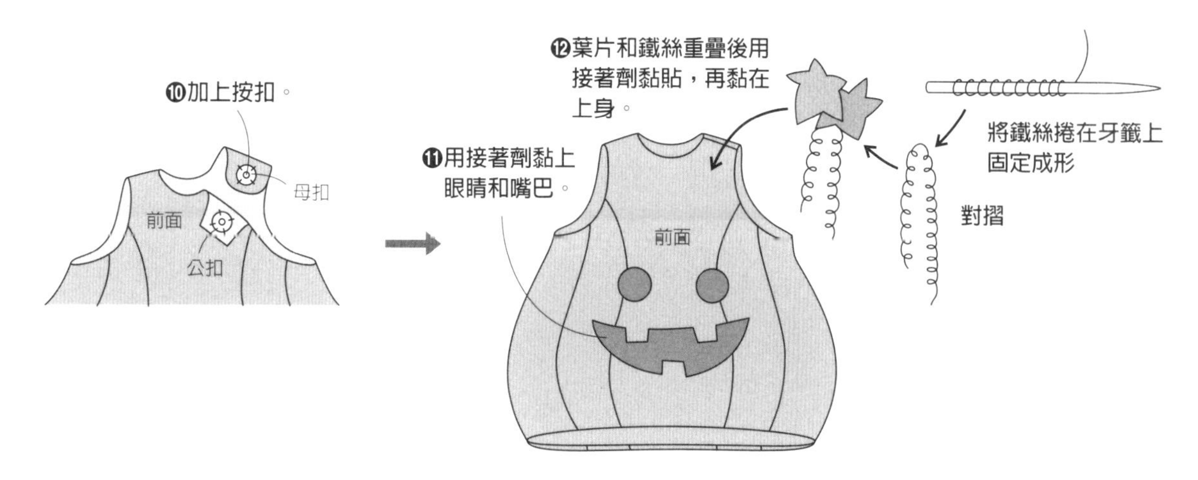
⑩加上按扣。
母扣
前面
公扣
⑫葉片和鐵絲重疊後用
接著劑黏貼，再黏在
上身。
⑪用接著劑黏上
眼睛和嘴巴。
前面
將鐵絲捲在牙籤上
固定成形
對摺

長版 T-shirts

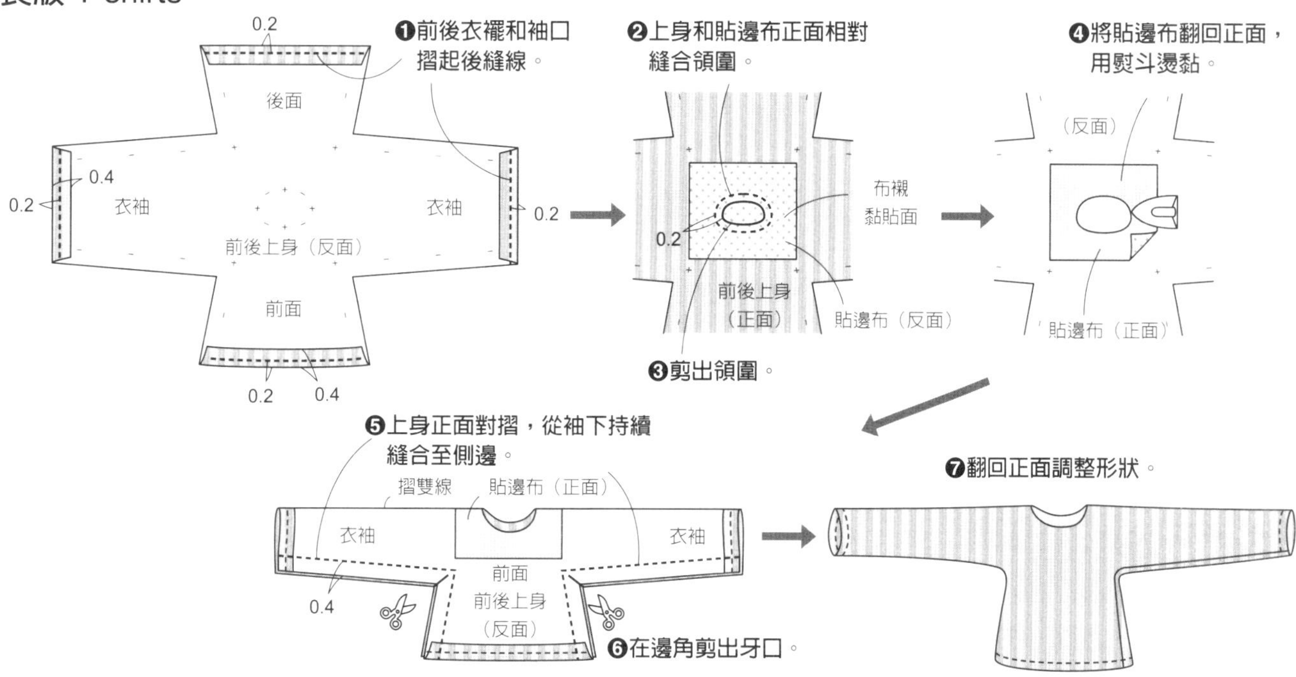
0.2
❶前後衣襬和袖口
摺起後縫線。
後面
0.4
0.2
衣袖
衣袖
0.2
前後上身（反面）
前面
0.2
0.4
❷上身和貼邊布正面相對
縫合領圍。
0.2
布襯
黏貼面
前後上身
（正面）
貼邊布（反面）
❸剪出領圍。
❹將貼邊布翻回正面，
用熨斗燙黏。
（反面）
貼邊布（正面）
❺上身正面對摺，從袖下持續
縫合至側邊。
摺雙線
貼邊布（正面）
衣袖
衣袖
前面
前後上身
（反面）
0.4
❻在邊角剪出牙口。
❼翻回正面調整形狀。

褲襪

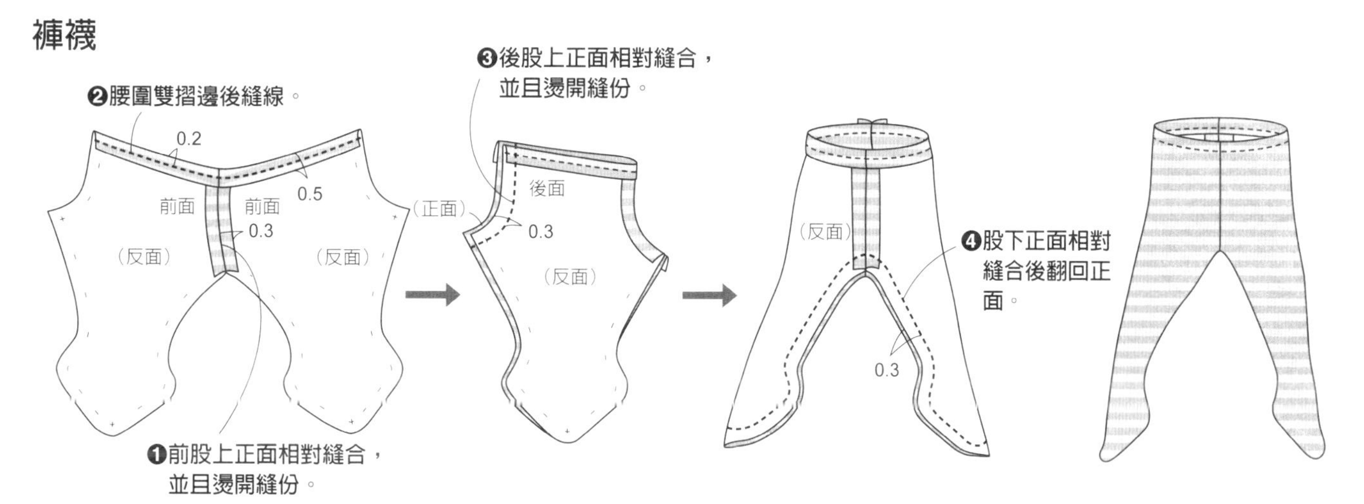
❷腰圍雙摺邊後縫線。
0.2
0.5
前面
前面
0.3
（反面）
（反面）
❶前股上正面相對縫合，
並且燙開縫份。
❸後股上正面相對縫合，
並且燙開縫份。
（正面）
後面
0.3
（反面）
（反面）
0.3
❹股下正面相對
縫合後翻回正
面。

三角帽

※紙型和作法與 **P.66, P.67** 三角帽相同

實物大紙型影印裁切後即可使用

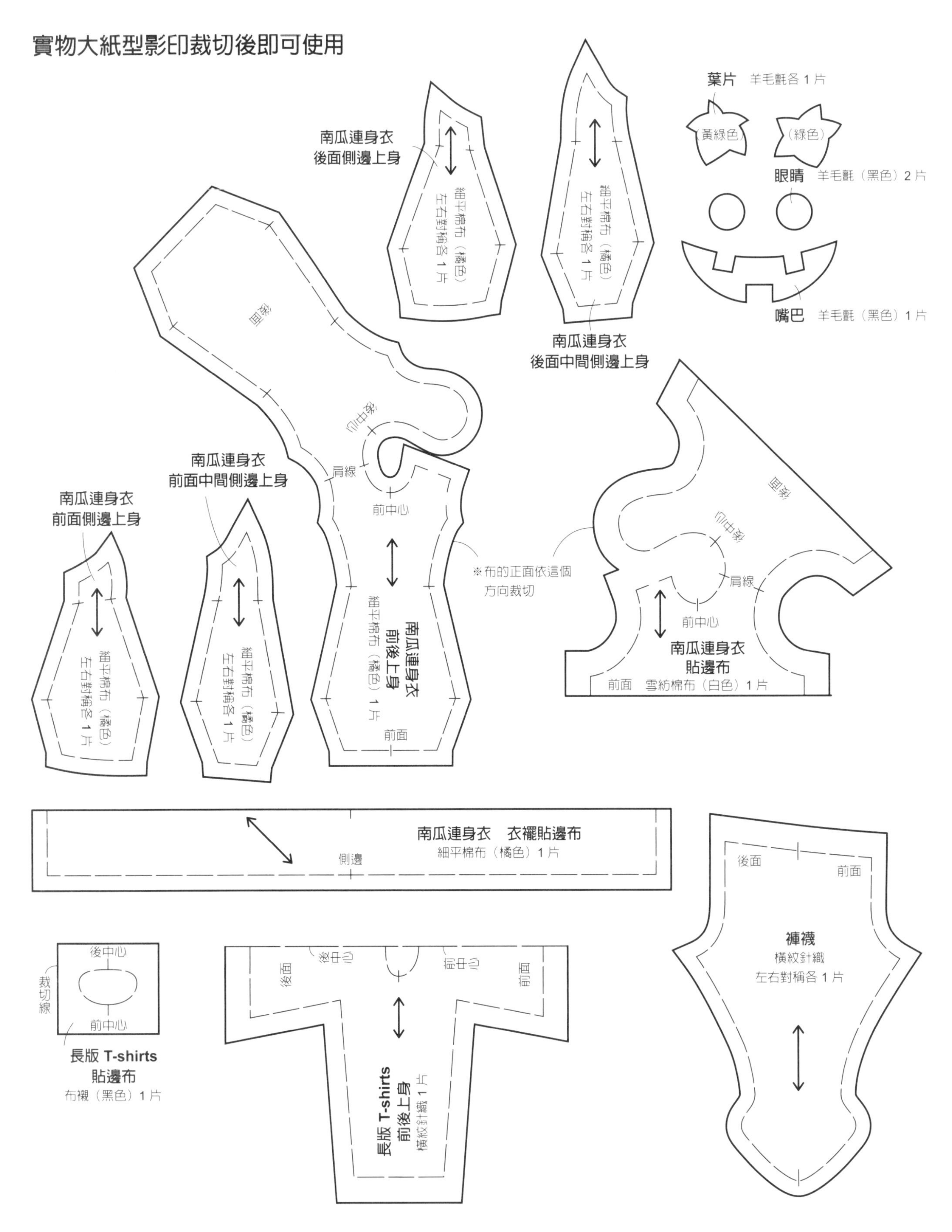

南瓜連身衣
後面側邊上身
細平棉布（橘色）
左右對稱各1片
南瓜連身衣
後面中間側邊上身
細平棉布（橘色）
左右對稱各1片
葉片 羊毛氈各1片
（黃綠色）
（綠色）
眼睛 羊毛氈（黑色）2片
嘴巴 羊毛氈（黑色）1片
後面
後中心
肩線
前中心
南瓜連身衣
前面中間側邊上身
細平棉布（橘色）
左右對稱各1片
南瓜連身衣
前面側邊上身
細平棉布（橘色）
左右對稱各1片
南瓜連身衣
前後上身
細平棉布（橘色）1片
前面
※布的正面依這個方向裁切
後面
後中心
肩線
前中心
南瓜連身衣
貼邊布
前面 雪紡棉布（白色）1片
南瓜連身衣 衣襬貼邊布
細平棉布（橘色）1片
側邊
後面
前面
褲襪
橫紋針織
左右對稱各1片
後中心
裁切線
前中心
長版 T-shirts
貼邊布
布襯（黑色）1片
後面
後中心
前中心
前面
長版 T-shirts
前後上身
橫紋針織 1片

實物大紙型影印裁切後即可使用

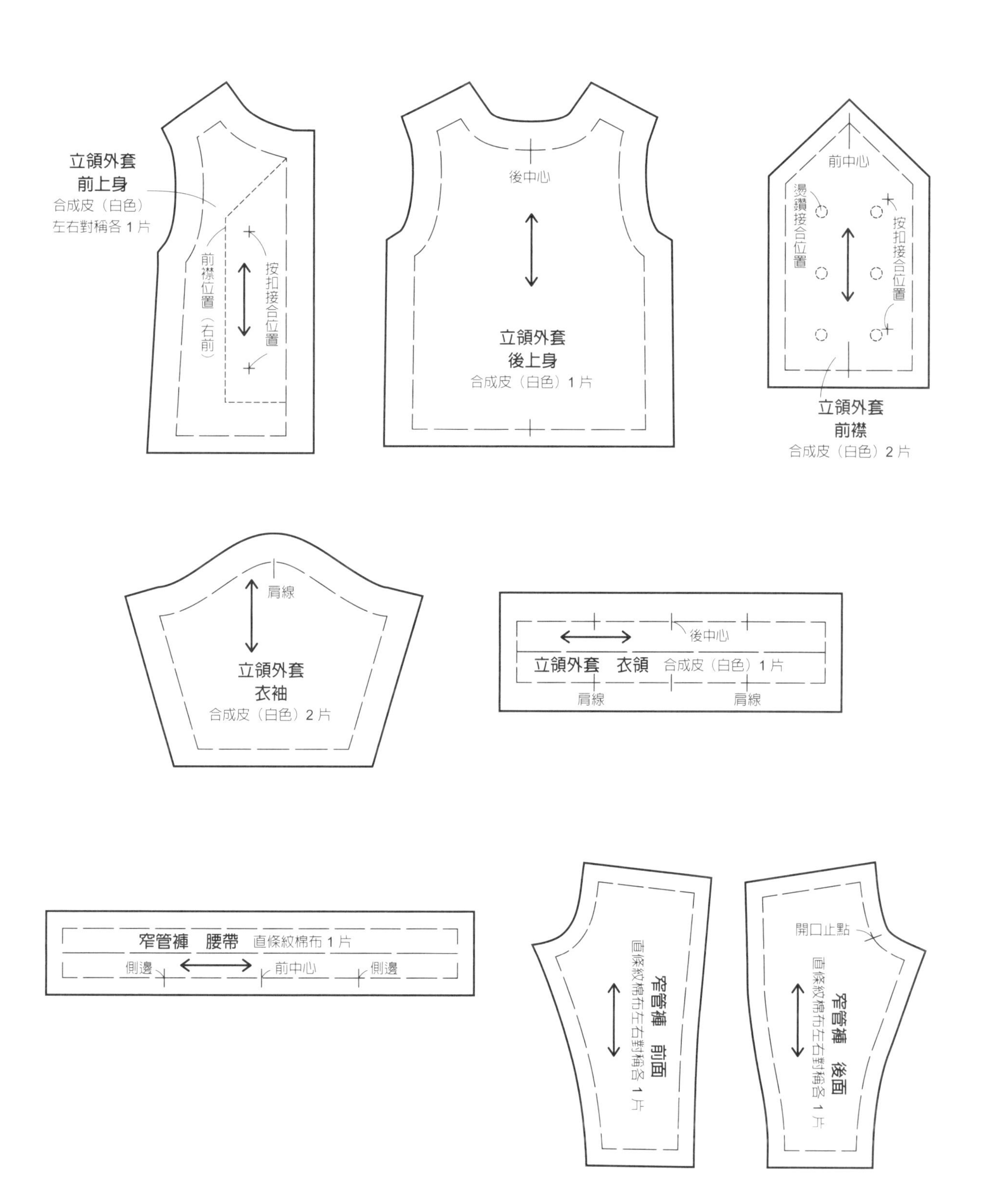
立領外套
前上身
合成皮（白色）
左右對稱各 1 片
前襟位置（右前）
按扣接合位置
後中心
立領外套
後上身
合成皮（白色）1 片
前中心
燙鑽接合位置
按扣接合位置
立領外套
前襟
合成皮（白色）2 片
肩線
立領外套
衣袖
合成皮（白色）2 片
後中心
立領外套 衣領 合成皮（白色）1 片
肩線
肩線
窄管褲 腰帶 直條紋棉布 1 片
側邊
前中心
側邊
窄管褲 前面
直條紋棉布左右對稱各 1 片
開口止點
窄管褲 後面
直條紋棉布左右對稱各 1 片

立領大衣和窄管褲 ›› P.20

實物大紙型 ›› P.71

材料

〈立領大衣〉
合成皮（白色）：25x20cm
超薄魔鬼氈：0.8x4.2cm
直徑 0.3cm 按扣：2組
直徑 0.2cm 燙鑽（銀色）：6顆

〈窄管褲〉
直條紋棉布：20x15cm
超薄魔鬼氈：0.4x1cm

立領大衣

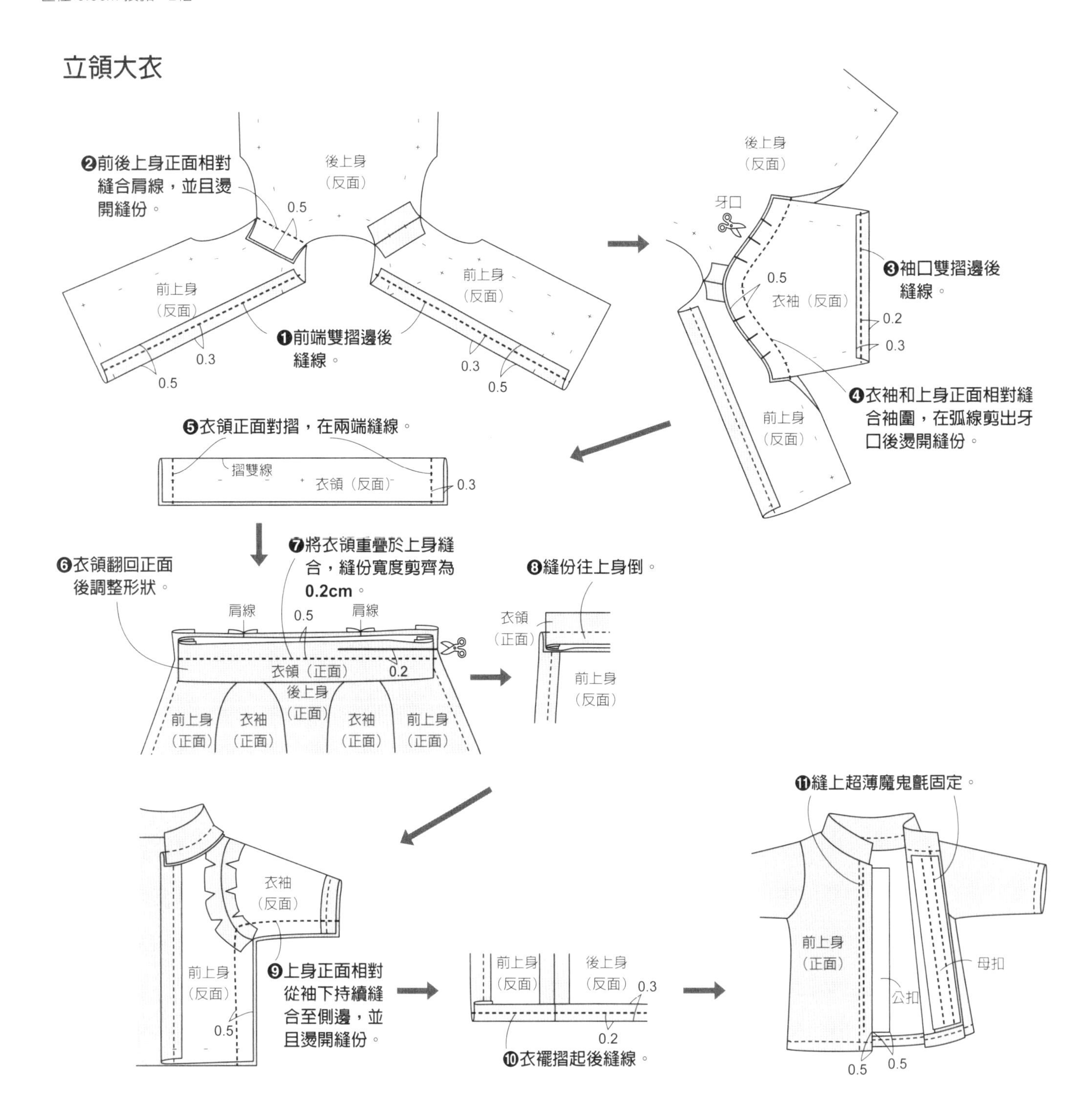

❶前端雙摺邊後縫線。
❷前後上身正面相對縫合肩線，並且燙開縫份。
❸袖口雙摺邊後縫線。
❹衣袖和上身正面相對縫合袖圍，在弧線剪出牙口後燙開縫份。
❺衣領正面對摺，在兩端縫線。
❻衣領翻回正面後調整形狀。
❼將衣領重疊於上身縫合，縫份寬度剪齊為0.2cm。
❽縫份往上身倒。
❾上身正面相對從袖下持續縫合至側邊，並且燙開縫份。
❿衣襬摺起後縫線。
⓫縫上超薄魔鬼氈固定。
後上身
(反面)
前上身
(反面)
0.5
0.3
牙口
衣袖（反面）
0.2
摺雙線
衣領（反面）
肩線
衣領（正面）
後上身
(正面)
衣袖
(正面)
前上身
(正面)
衣領
(正面)
母扣
公扣

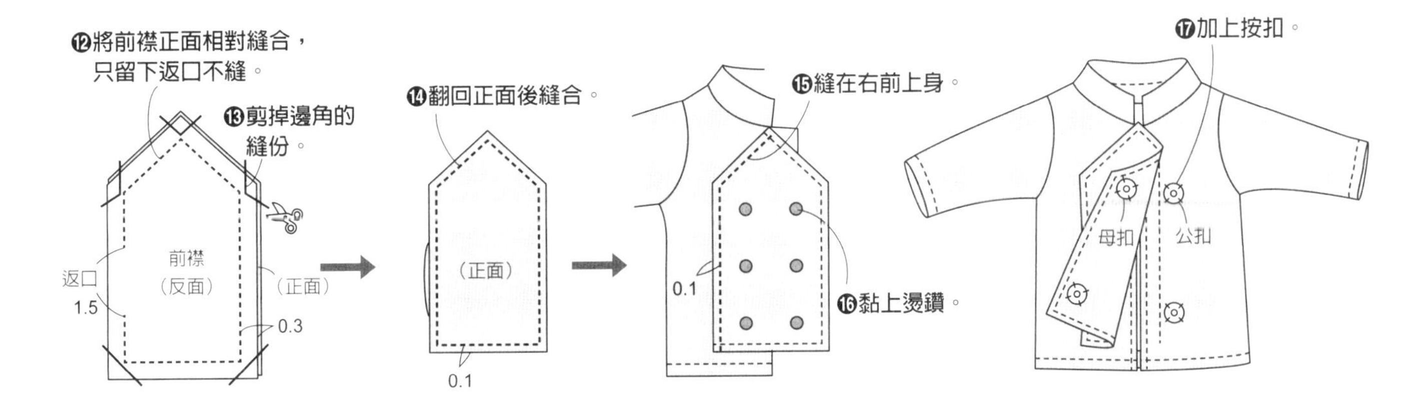
⑫將前襟正面相對縫合，
只留下返口不縫。
⑬剪掉邊角的
縫份。
返口
1.5
前襟
（反面）
（正面）
0.3
⑭翻回正面後縫合。
（正面）
0.1
⑮縫在右前上身。
0.1
⑯黏上燙鑽。
⑰加上按扣。
母扣
公扣

窄管褲

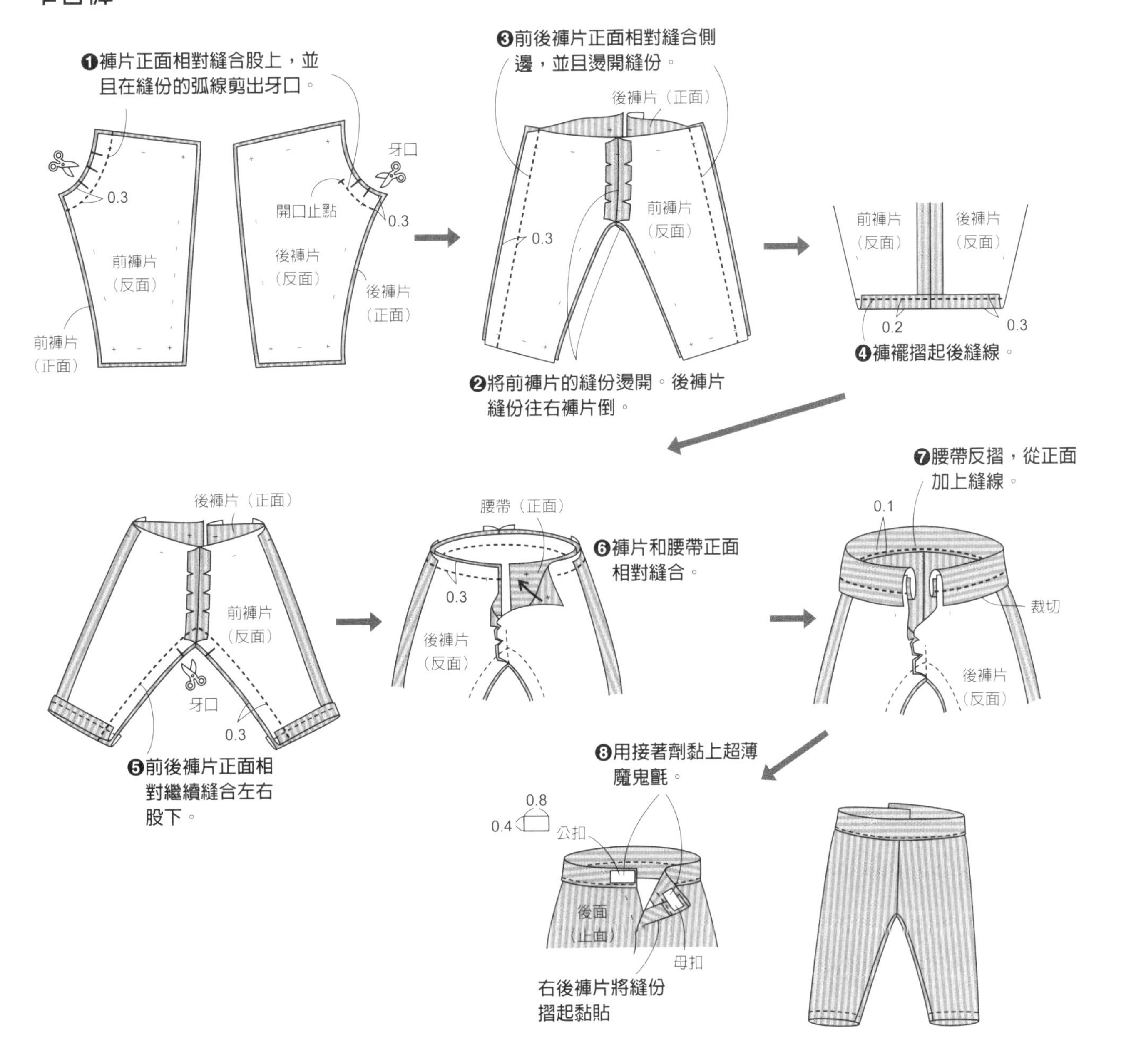
❶褲片正面相對縫合股上，並
且在縫份的弧線剪出牙口。
0.3
前褲片
（反面）
前褲片
（正面）
牙口
開口止點
0.3
後褲片
（反面）
後褲片
（正面）
❸前後褲片正面相對縫合側
邊，並且燙開縫份。
後褲片（正面）
0.3
前褲片
（反面）
❷將前褲片的縫份燙開。後褲片
縫份往右褲片倒。
前褲片
（反面）
後褲片
（反面）
0.2
0.3
❹褲襬摺起後縫線。
後褲片（正面）
前褲片
（反面）
牙口
0.3
❺前後褲片正面相
對繼續縫合左右
股下。
腰帶（正面）
❻褲片和腰帶正面
相對縫合。
0.3
後褲片
（反面）
❼腰帶反摺，從正面
加上縫線。
0.1
裁切
後褲片
（反面）
❽用接著劑黏上超薄
魔鬼氈。
0.8
0.4
公扣
後面
（上面）
母扣
右後褲片將縫份
摺起黏貼

連身裙套裝 ›› P. 22

實物大紙型 ›› P.76

材料

〈緞帶髮箍〉
人造絲絨（紅色）：20x15cm
羊毛（格紋）：5x10cm
假皮草（白色）：5x10cm
直徑 0.2cm 鬆緊帶：10cm
直徑 0.2cm 燙鑽（金色）：1顆
燙鑽（星型）：2顆

〈短斗篷〉
人造絲絨（紅色）：15x8cm
彈力網布（黑色）：15x8cm
假皮草（白色）：10x3cm
0.2cm 寬水手服織帶（白色）：20cm
風紀扣：1組

〈細肩帶洋裝〉
羊毛（格紋）：20x10cm
彈力網布（黑色）：10x5cm
人造絲絨（紅色）：20x5cm
0.3cm 寬緞帶（紅色）：30cm
風紀扣：1組

〈條紋襪〉
橫紋針織（紅 x 白）：10x10cm

緞帶髮箍

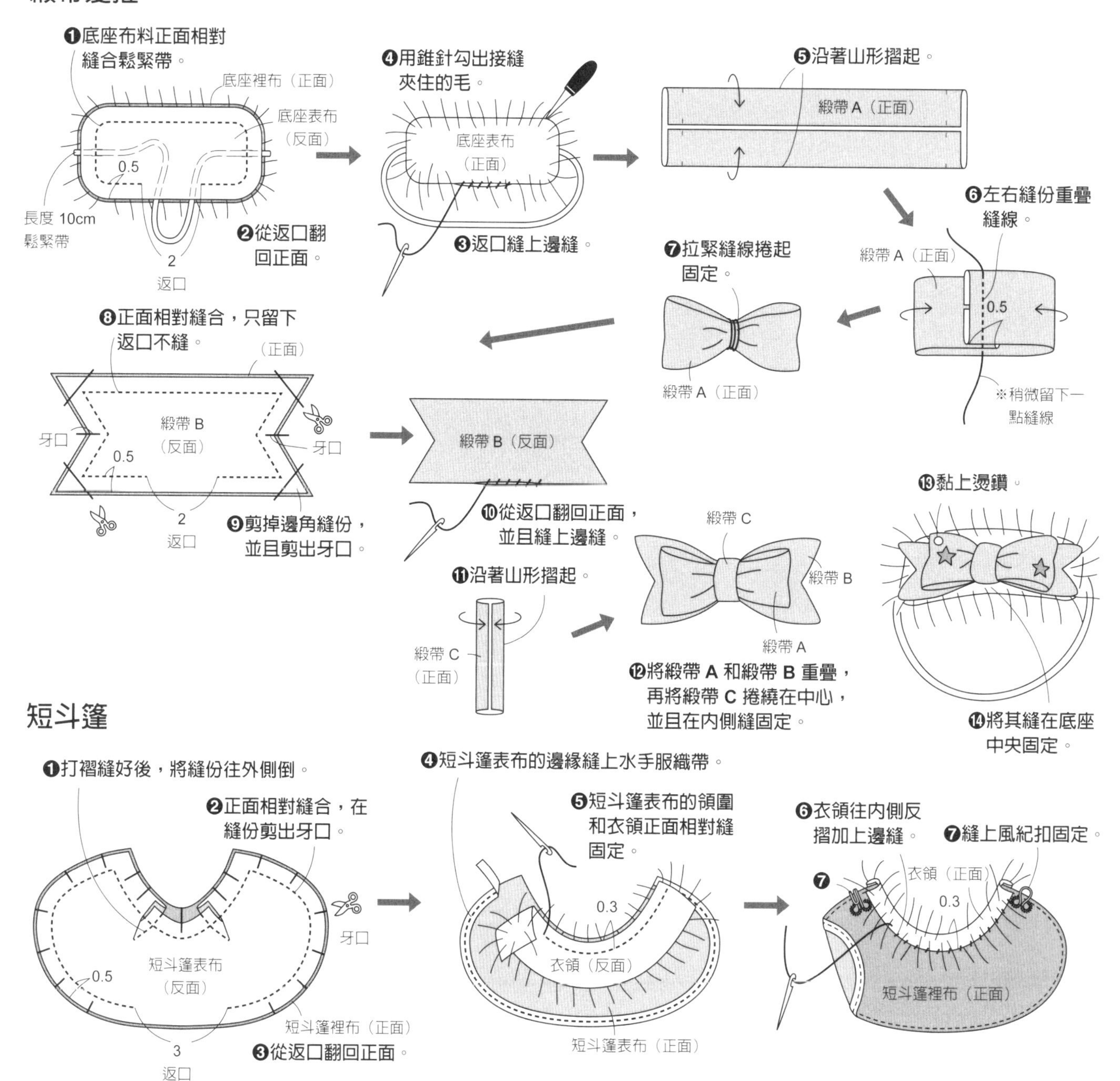

❶底座布料正面相對縫合鬆緊帶。
底座裡布（正面）
底座表布（反面）
0.5
長度 10cm 鬆緊帶
❷從返口翻回正面。
2
返口
❹用錐針勾出接縫夾住的毛。
底座表布（正面）
❸返口縫上邊縫。
❺沿著山形摺起。
緞帶 A（正面）
❻左右縫份重疊縫線。
緞帶 A（正面）
0.5
※稍微留下一點縫線
❼拉緊縫線捲起固定。
緞帶 A（正面）
❽正面相對縫合，只留下返口不縫。
（正面）
緞帶 B（反面）
牙口
0.5
2
返口
❾剪掉邊角縫份，並且剪出牙口。
緞帶 B（反面）
❿從返口翻回正面，並且縫上邊縫。
⓫沿著山形摺起。
緞帶 C（正面）
緞帶 C
緞帶 B
緞帶 A
⓬將緞帶 A 和緞帶 B 重疊，再將緞帶 C 捲繞在中心，並且在內側縫固定。
⓭黏上燙鑽。
⓮將其縫在底座中央固定。

短斗篷

❶打摺縫好後，將縫份往外側倒。
❷正面相對縫合，在縫份剪出牙口。
牙口
短斗篷表布（反面）
0.5
短斗篷裡布（正面）
3
返口
❸從返口翻回正面。
❹短斗篷表布的邊緣縫上水手服織帶。
❺短斗篷表布的領圍和衣領正面相對縫固定。
0.3
衣領（反面）
短斗篷表布（正面）
❻衣領往內側反摺加上邊縫。
❼縫上風紀扣固定。
❼
衣領（正面）
0.3
短斗篷裡布（正面）

細肩帶洋裝

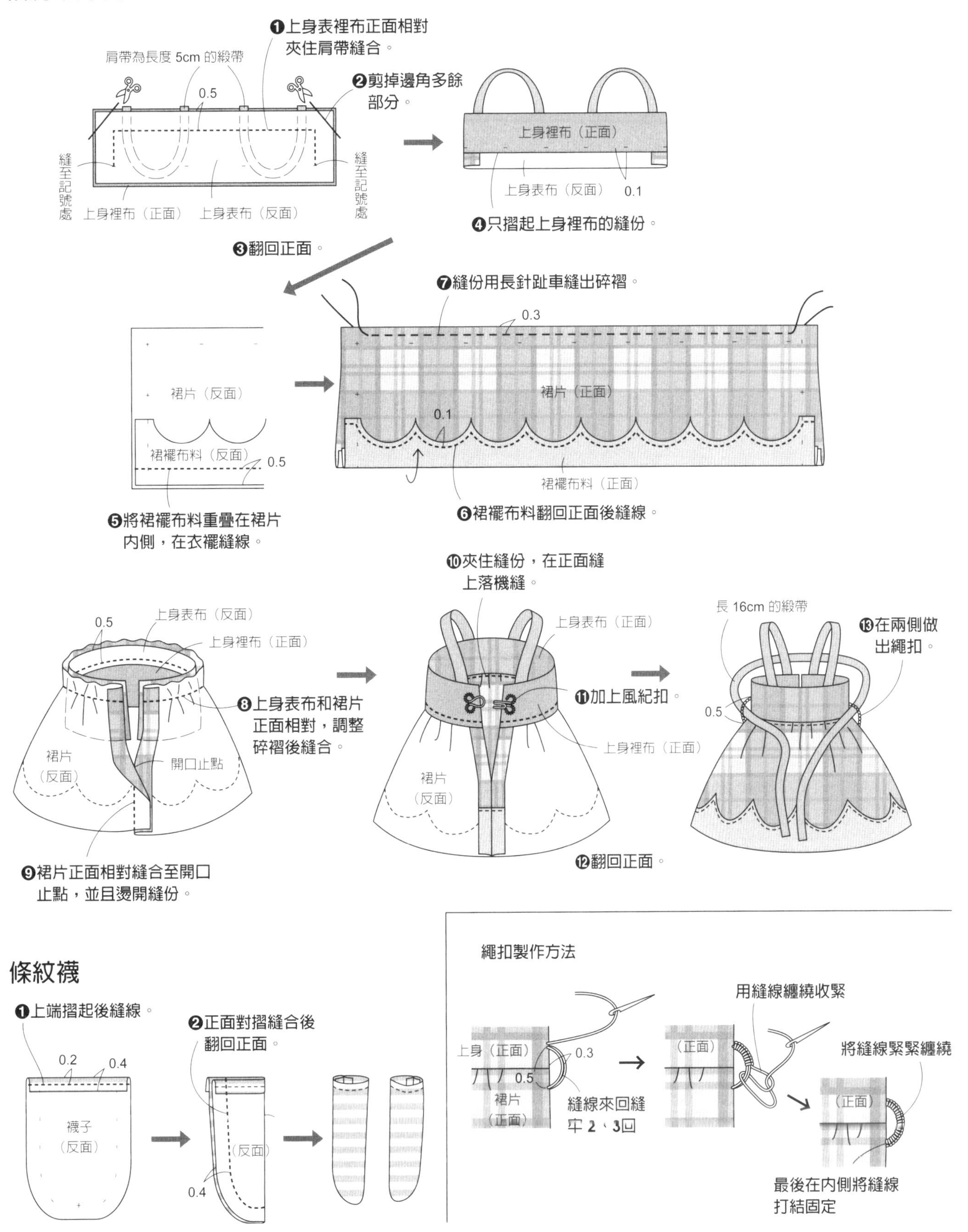

❶上身表裡布正面相對
夾住肩帶縫合。
肩帶為長度 5cm 的緞帶
0.5
❷剪掉邊角多餘
部分。
縫至記號處
縫至記號處
上身裡布（正面）
上身表布（反面）
上身裡布（正面）
上身表布（反面）
0.1
❹只摺起上身裡布的縫份。
❸翻回正面。
❼縫份用長針趾車縫出碎褶。
0.3
裙片（反面）
裙襬布料（反面）
0.5
裙片（正面）
0.1
裙襬布料（正面）
❺將裙襬布料重疊在裙片
內側，在衣襬縫線。
❻裙襬布料翻回正面後縫線。
❿夾住縫份，在正面縫
上落機縫。
0.5
上身表布（反面）
上身裡布（正面）
❽上身表布和裙片
正面相對，調整
碎褶後縫合。
裙片
（反面）
開口止點
❾裙片正面相對縫合至開口
止點，並且燙開縫份。
上身表布（正面）
⓫加上風紀扣。
上身裡布（正面）
裙片
（反面）
⓬翻回正面。
長 16cm 的緞帶
⓭在兩側做
出繩扣。
0.5
條紋襪
❶上端摺起後縫線。
0.2
0.4
襪子
（反面）
❷正面對摺縫合後
翻回正面。
（反面）
0.4
繩扣製作方法
上身（正面）
0.3
0.5
裙片
（正面）
縫線來回縫
牢2、3回
用縫線纏繞收緊
（正面）
將縫線緊緊纏繞
（正面）
最後在內側將縫線
打結固定

實物大紙型影印裁切後即可使用

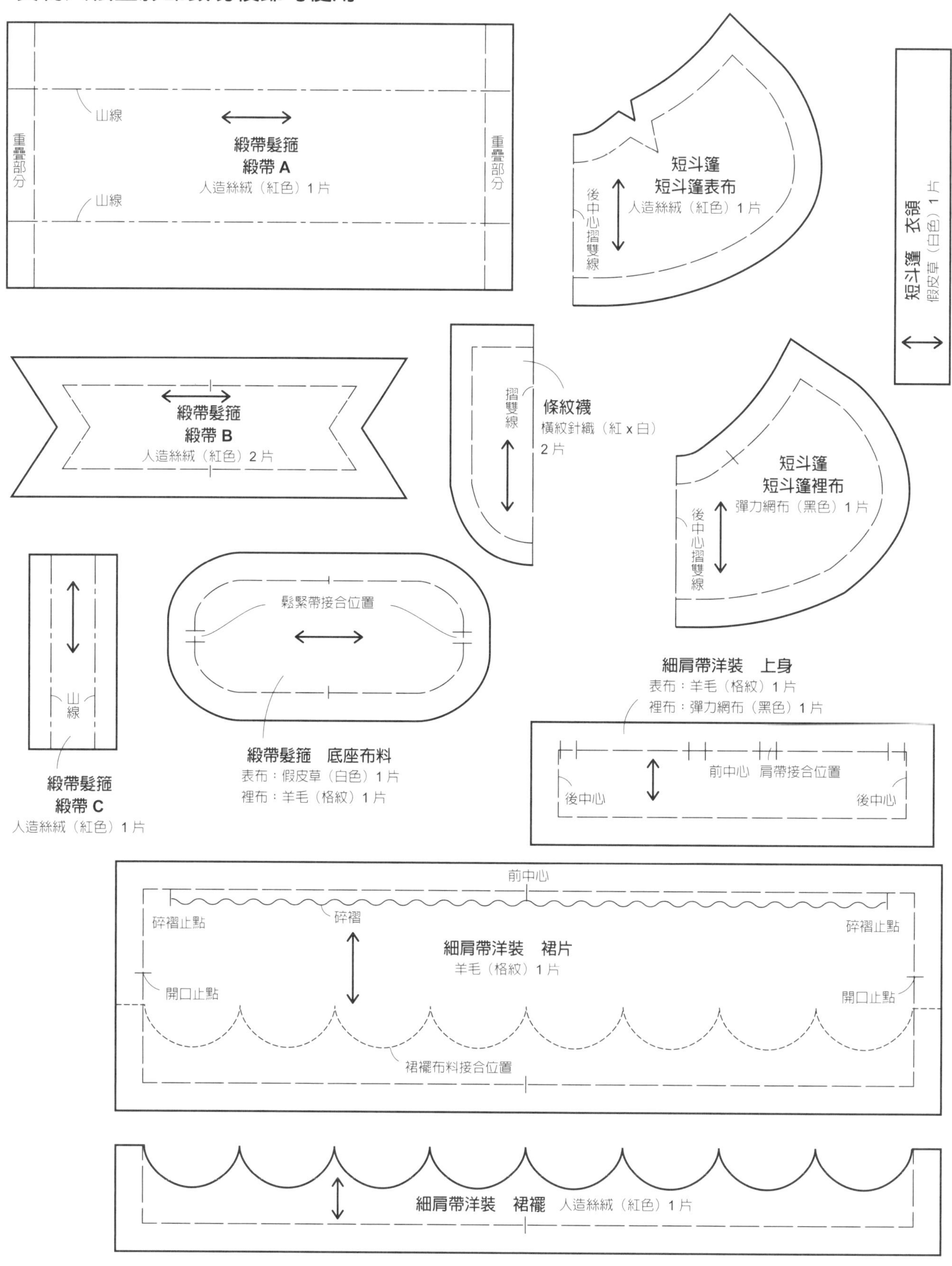

山線
重疊部分
緞帶髮箍
緞帶 A
人造絲絨（紅色）1 片
山線
重疊部分
短斗篷
短斗篷表布
人造絲絨（紅色）1 片
後中心摺雙線
短斗篷 衣領
假皮草（白色）1 片
緞帶髮箍
緞帶 B
人造絲絨（紅色）2 片
摺雙線
條紋襪
橫紋針織（紅 x 白）
2 片
短斗篷
短斗篷裡布
彈力網布（黑色）1 片
後中心摺雙線
鬆緊帶接合位置
山線
緞帶髮箍
緞帶 C
人造絲絨（紅色）1 片
緞帶髮箍 底座布料
表布：假皮草（白色）1 片
裡布：羊毛（格紋）1 片
細肩帶洋裝 上身
表布：羊毛（格紋）1 片
裡布：彈力網布（黑色）1 片
前中心 肩帶接合位置
後中心
後中心
前中心
碎褶止點
碎褶
碎褶止點
細肩帶洋裝 裙片
羊毛（格紋）1 片
開口止點
開口止點
裙襬布料接合位置
細肩帶洋裝 裙襬 人造絲絨（紅色）1 片

吊帶褲套裝 ›› P. 22

實物大紙型 ›› P.79

材料

〈聖誕帽〉
平滑針織（紅色）：20x20cm
假皮草（白色）：25x5cm
0.3cm 寬鬆緊帶：10cm

〈長版 T-shirts〉
平滑針織（紅色）：15x15cm
〈吊帶褲〉
羊毛（格紋）：15x20cm

0.5cm 寬緞帶（紅色）：長 20cm
直徑 0.3cm 燙鑽（銀色）：2顆
〈條紋襪〉
橫紋針織（紅 x 白）：10x10cm

聖誕帽

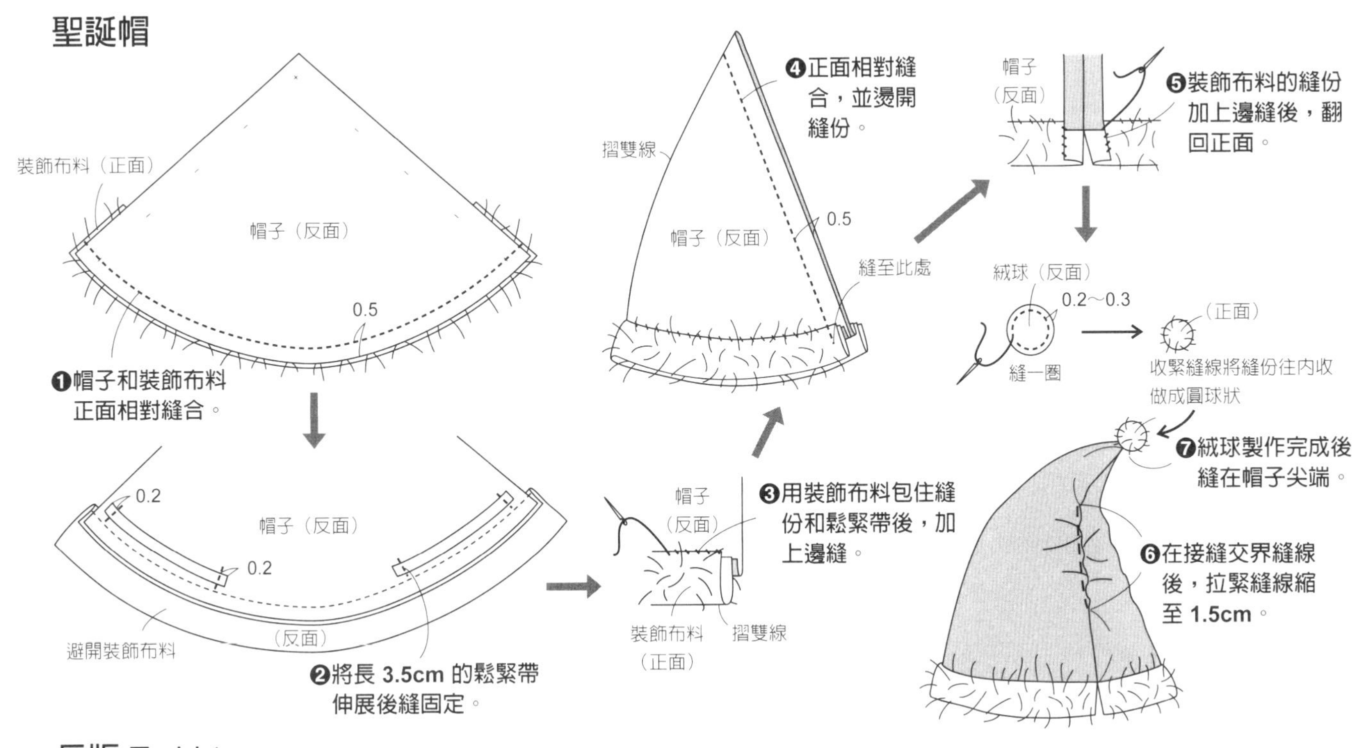
裝飾布料（正面）
帽子（反面）
0.5
❶帽子和裝飾布料正面相對縫合。
0.2
帽子（反面）
0.2
避開裝飾布料
（反面）
❷將長 3.5cm 的鬆緊帶伸展後縫固定。
帽子（反面）
裝飾布料（正面）
摺雙線
❸用裝飾布料包住縫份和鬆緊帶後，加上邊縫。
摺雙線
帽子（反面）
0.5
縫至此處
❹正面相對縫合，並燙開縫份。
帽子（反面）
❺裝飾布料的縫份加上邊縫後，翻回正面。
絨球（反面）
0.2～0.3
縫一圈
（正面）
收緊縫線將縫份往內收做成圓球狀
❼絨球製作完成後縫在帽子尖端。
❻在接縫交界縫線後，拉緊縫線縮至 1.5cm。

長版 T-shirts

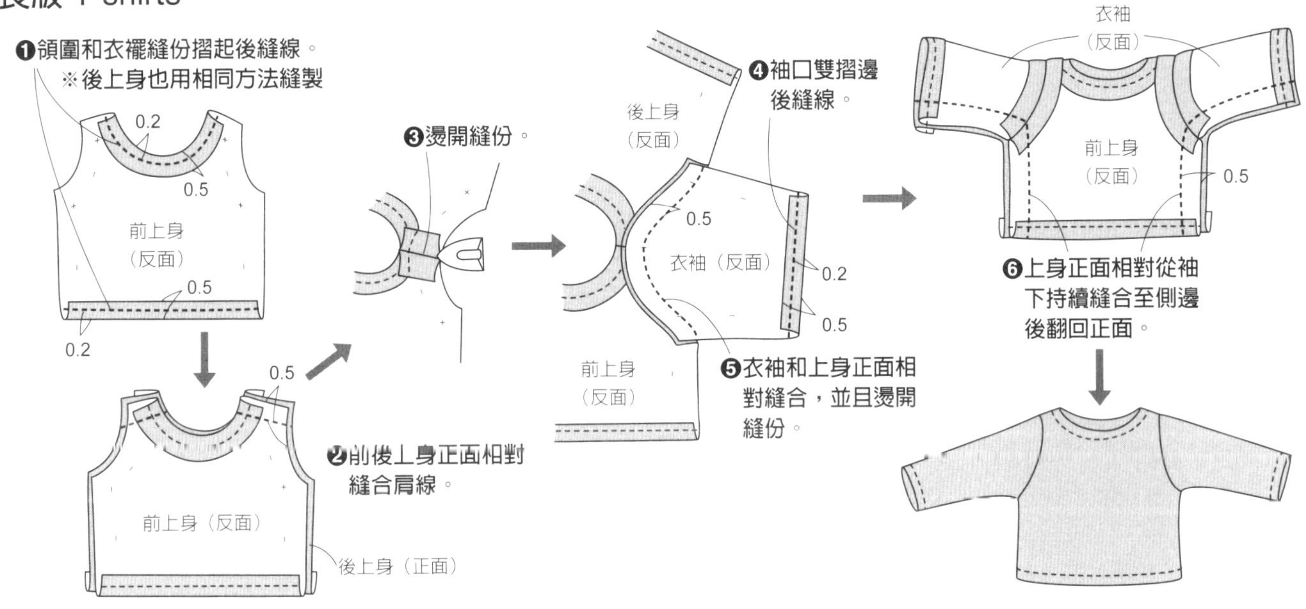
❶領圍和衣襬縫份摺起後縫線。
※後上身也用相同方法縫製
0.2
0.5
前上身（反面）
0.5
0.2
0.5
前上身（反面）
後上身（正面）
❷前後上身正面相對縫合肩線。
❸燙開縫份。
後上身（反面）
❹袖口雙摺邊後縫線。
0.5
衣袖（反面）
0.2
0.5
前上身（反面）
❺衣袖和上身正面相對縫合，並且燙開縫份。
衣袖（反面）
前上身（反面）
0.5
❻上身正面相對從袖下持續縫合至側邊後翻回正面。

吊帶褲

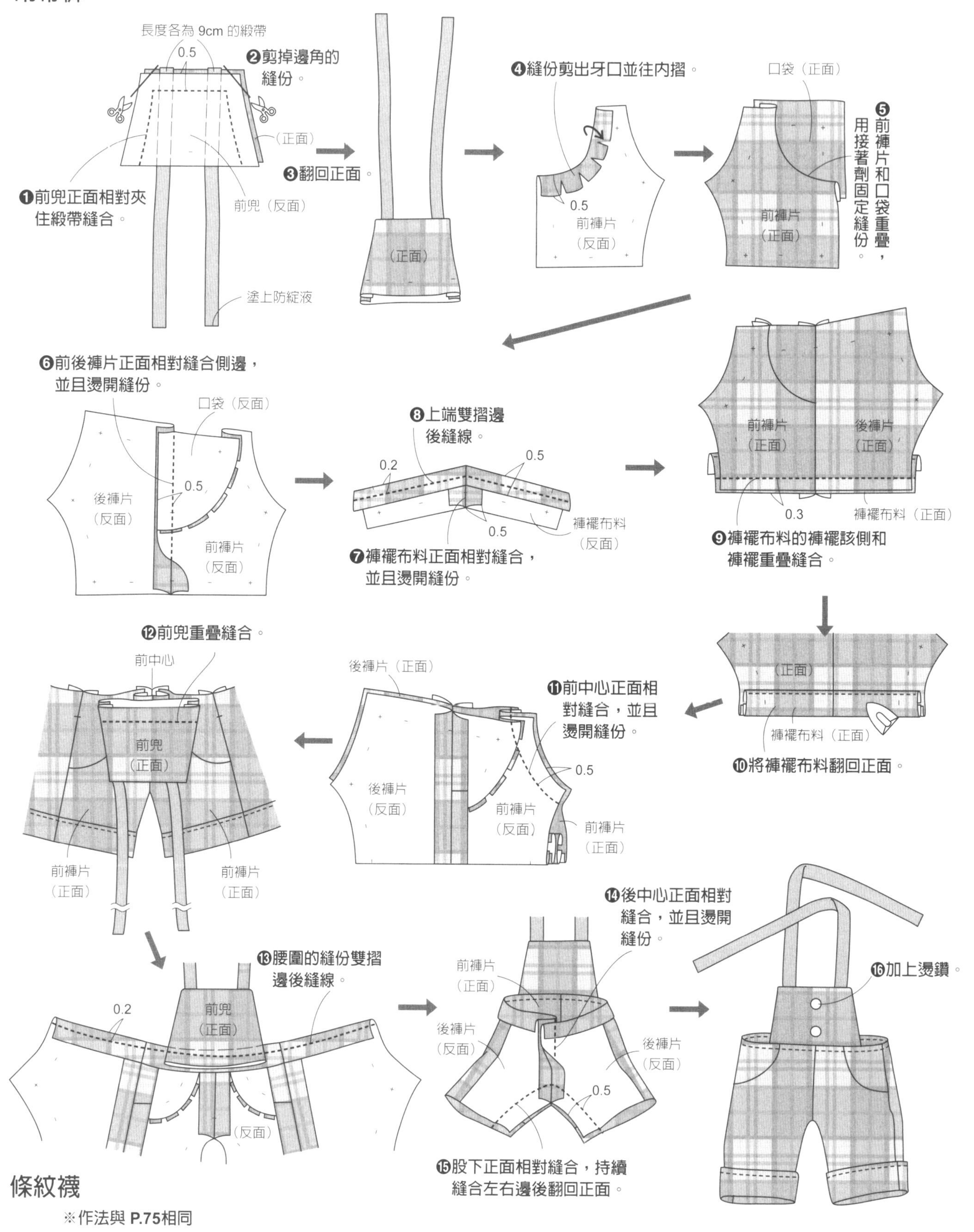

長度各為 9cm 的緞帶
0.5
❷剪掉邊角的縫份。
(正面)
❶前兜正面相對夾住緞帶縫合。
前兜（反面）
塗上防綻液
❸翻回正面。
(正面)
❹縫份剪出牙口並往內摺。
0.5
前褲片
(反面)
口袋（正面）
❺前褲片和口袋重疊，用接著劑固定縫份。
前褲片
(正面)
❻前後褲片正面相對縫合側邊，並且燙開縫份。
口袋（反面）
0.5
後褲片
(反面)
前褲片
(反面)
❽上端雙摺邊後縫線。
0.2
0.5
0.5
褲襬布料
(反面)
❼褲襬布料正面相對縫合，並且燙開縫份。
前褲片
(正面)
後褲片
(正面)
0.3
褲襬布料（正面）
❾褲襬布料的褲襬該側和褲襬重疊縫合。
(正面)
褲襬布料（正面）
❿將褲襬布料翻回正面。
⓬前兜重疊縫合。
前中心
前兜
(正面)
前褲片
(正面)
前褲片
(正面)
後褲片（正面）
⓫前中心正面相對縫合，並且燙開縫份。
0.5
後褲片
(反面)
前褲片
(反面)
前褲片
(正面)
⓭腰圍的縫份雙摺邊後縫線。
0.2
前兜
(正面)
(反面)
⓮後中心正面相對縫合，並且燙開縫份。
前褲片
(正面)
後褲片
(反面)
後褲片
(反面)
0.5
⓯股下正面相對縫合，持續縫合左右邊後翻回正面。
⓰加上燙鑽。

條紋襪

※作法與 P.75相同

實物大紙型影印裁切後即可使用

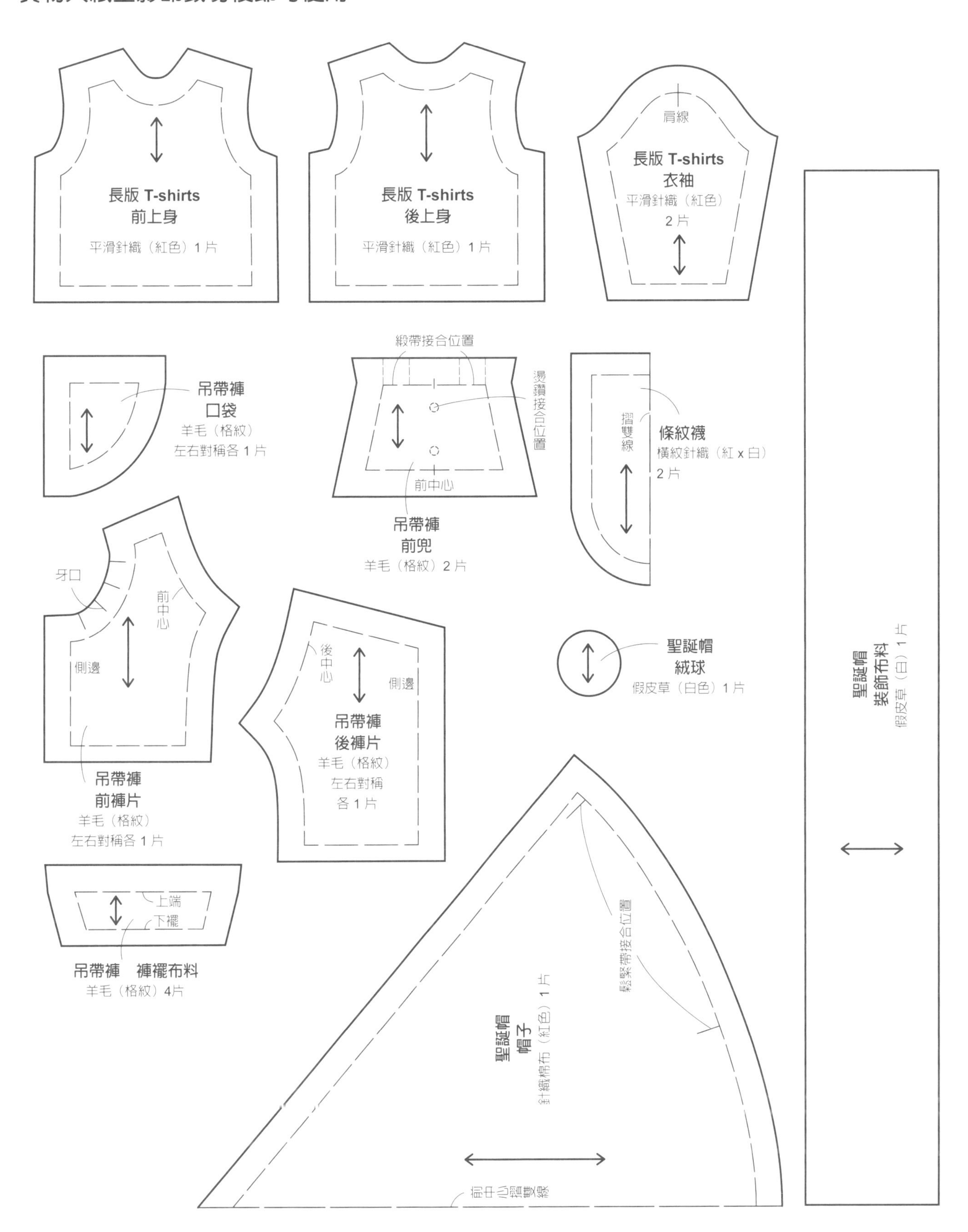

長版 T-shirts
前上身
平滑針織（紅色）1 片
長版 T-shirts
後上身
平滑針織（紅色）1 片
肩線
長版 T-shirts
衣袖
平滑針織（紅色）
2 片
吊帶褲
口袋
羊毛（格紋）
左右對稱各 1 片
緞帶接合位置
燙鑽接合位置
前中心
吊帶褲
前兜
羊毛（格紋）2 片
摺雙線
條紋襪
橫紋針織（紅 x 白）
2 片
牙口
前中心
側邊
吊帶褲
前褲片
羊毛（格紋）
左右對稱各 1 片
後中心
側邊
吊帶褲
後褲片
羊毛（格紋）
左右對稱
各 1 片
聖誕帽
絨球
假皮草（白色）1 片
聖誕帽
裝飾布料
假皮草（白）1 片
上端
下襬
吊帶褲　褲襬布料
羊毛（格紋）4片
鬆緊帶接合位置
聖誕帽
帽子
針織棉布（紅色）1 片
前中心摺雙線

Design & make

・Atelier Angelica 住友亞希
http://atelierangelica.com/

・GINGER TEA - Cherry
https://gingerteadoll.net/

・Raindrop - Minamin
https://raindrop-eden.ssl-lolipop.jp/

監修

GOOD SMILE COMPANY

主要業務為娃娃、玩具、配件的企劃、製作、製造等相關發展。除了企劃製作製造之外，廣告宣傳和銷售等相關業務也由專責處理，以完整的體系推出商品。近年來還向海外推廣日本流行文化、與國外藝術家合作聯名企劃，以及經營咖啡廳。
https://www.goodsmile.info/

協力

・CLOVER 株式會社（用品）
大阪府大阪市東成區中道 3-15-5
TEL:06-6978-2277（客服中心）https://clover.co.jp/
・GOOD SMILE COMPANY　企劃部／廣告宣傳部／銷售部

攝影協力

・OBITSU 製作所（P.20 鞋子）https://www.obitsu.co.jp/
・PinkFloat（P.16 鬼精靈懶人鞋）https://pinkfloat.ocnk.net/
・Ag-Moon（P.10 懶人運動鞋，P.10 花朵涼鞋、P.16 條帶鞋）
https://agm.byakuroku.info/
・AWABEES
TEL:03-5786-1600

Staff

設計／望月昭秀＋片桐凜子（NILSON）
攝影／森谷則秋
造型／西森 萌
作法解說／佐藤由美子
校稿協助／笠原愛子
編輯／加藤みゆ紀

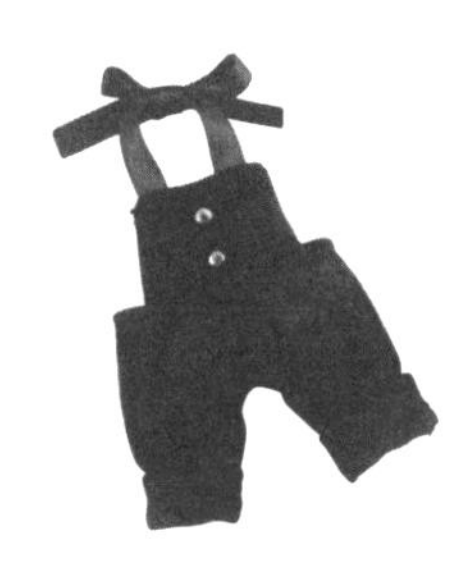

黏土娃可愛洋服裁縫Book
多款四季節日單品

作　者	株式会社日本ヴォーグ社
翻　譯	黃姿頤
發 行 人	陳偉祥
出　版	北星圖書事業股份有限公司
地　址	234 新北市永和區中正路462號B1
電　話	886-2-29229000
傳　真	886-2-29229041
網　址	www.nsbooks.com.tw
E-MAIL	nsbook@nsbooks.com.tw
劃撥帳戶	北星文化事業有限公司
劃撥帳號	50042987
製版印刷	皇甫彩藝印刷股份有限公司
出 版 日	2021 年 8 月
I S B N	978-957-9559-82-9
定　價	380 元

如有缺頁或裝訂錯誤，請寄回更換。

國家圖書館出版品預行編目（CIP）資料

黏土娃可愛洋服裁縫Book：多款四季節日單品／株式会社日本ヴォーグ社作；黃姿頤翻譯. -- 新北市：北星圖書事業股份有限公司, 2021.08
80面；21x25.8公分
ISBN 978-957-9559-82-9（平裝）

1.手工藝　2.洋娃娃

426.78　　110004241

臉書粉絲專頁

LINE 官方帳號